우리 몸
미생물을 말하다

우리 몸  미생물을 말하다

이재열(경북대학교 생명과학부 명예교수) 지음

"우리는 1%만 인간이고 99%는 미생물입니다. 이것은 진실입니다."

- Dr. Mark Hyman(Cleveland Clinic 기능의학센터 전략, 혁신 책임자)

씨네스트

우리 몸과 관련된 미생물과의 대화

어렸을 적에 재미나게 읽었던 「사자와 개미」라는 동화가 가끔 생각난다. 숲 속 동물 나라의 왕인 사자가 다른 약한 동물들을 못 살게 굴자 의연히 맞서 싸우는 개미들의 이야기였다. 크기를 비교해 보더라도 상대가 되지 않는 아주 작은 개미들이 힘을 합쳐 사자를 골탕 먹인다는 내용은 쉽사리 믿기 어려운 것이었다. 그렇지만 집단생활을 하면서 일사불란하게 움직이는 개미들의 모습을 보고 있노라면 그럴 수도 있겠다고 어린 마음에도 작은 믿음이 생겼다.

조금 더 자라서 공부를 하게 되자 어렸을 때의 아련한 기억은 새로운 지식으로 탈바꿈했다. 사자 대신에 사람이라면 어떻게 그러한 상황에 대처할 수 있을까? 과학과 기술의 발전에 힘입어 사자보다도 더 큰 힘을 발휘하지 않을까? 그리하여 한주먹 거리도 안 되는 개미들을 단숨에 없애버릴 수 있지 않을까? 그런데 만약에 잠들어 있는 사이에 개미들이 쉬지 않고 파고 든다면 어쩌지? 이런 생각에 잠을 이루지 못하고 끙끙대며 고민하기도 했다.

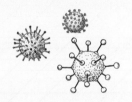

　물론 지금이야 그런 걱정을 하지는 않는다. 우선 그러한 상황이 쉽게 일어나지 않을 것이라는 것을 알기 때문이다. 다음으로 사람들은 어려움을 이겨낼 수 있는 지혜를 가졌기 때문이다. 그런데 만약에 개미들이 돌연변이라도 일으켜 그러한 상황으로 몰고 간다면 어쩔 수 없이 이를 막을만한 특별한 방법을 생각해 내어야만 할 것이다. 개미가 없는 곳으로 이사를 가거나, 개미가 더 좋아하는 먹이로 유인해 다른 곳으로 쫓아내거나, 개미가 아주 싫어하는 약을 주위에 뿌려 얼씬거리지 못하게 하거나, 아예 개미를 죽이는 약을 뿌리거나 그래도 안 된다면 우스갯소리 같지만 개미와 타협하는 정치적인 수단까지도 생각해 보아야 할 것이다.

　요즈음 우리 생활을 둘러보면 개미보다도 더하면 더했지 결코 그보다 못하지 않은 '미생물'이라는 존재가 있다는 사실을 모두가 잘 알고 있다. 물론 미생물은 개미보다도 크기가 훨씬 더 작아 눈에 보이지도 않는 존재이다. 게다가 이들 미생물은 때때로 우리를 죽음에 이르게도 하는 아주 위험한 존재인 동시에, 때로는 우리에게 말할 수 없이 큰 도움을 주는 존재이기도 하다. 그래서 이 미생물들을 적으로 보아야 할지 아니면 친구로 삼아야 할지 판단하기조차 어려울 때가 많다.

우리가 살아가는 데 도움을 주는 것이라면 모두가 우리 편이고 좋은 것인데, 이와 반대로 해를 끼치는 것이라면 당연히 피하고 꺼리게 된다. 이러한 생각은 사람을 중심에 두고 사람에게 이로운가 해로운가만을 생각하는 단순한 사고방식이다. 사자에 맞서 싸우는 개미를 조금이나마 이해하는 것처럼 미생물이라는 존재도 하나의 생명체로 인정하고 다시 생각해 볼 수는 없을까? 용감히 싸우는 개미에게 의협심을 느끼는 것처럼 나름대로 독특한 삶의 모습을 보여주는 미생물에게도 갈채를 보내고 싶다.

미생물은 눈에 보이지 않는 아주 작은 존재이지만, 모든 생물체가 그렇듯이 미생물들도 나름대로의 삶을 살아가고 있다. 어찌보면 지구가 생성된 이래 가장 먼저 탄생한 생명체도 미생물이라고 할 수 있다. 생물의 역사를 살펴보더라도 미생물은 모든 생명

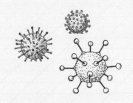

체의 할아버지라고 할 수가 있는 셈이다. 생물의 조상이라고 한다면 결코 함부로 대할 수 없는 위엄이 느껴지기도 한다. 더구나 많은 생물들이 새로운 환경에 적응하기 위해 오랜 세월에 걸쳐 조금씩 변화하였다고 하는데, 미생물은 생물의 선조로서 아직도 옛날 모습을 그대로 지키고 있다는 것이 경이롭기도 하다.

우리가 살고 있는 세상을 둘러보면 이루 헤아릴 수 없이 많은 종류의 미생물들이 있다. 다만 이들이 우리 눈에 보이지 않기 때문에 마치 하나도 없는 것처럼 느껴지는 것이다. 이렇게 수많은 미생물들은 저마다 적당한 곳에서 가장 알맞은 방법에 따라 나름대로의 삶을 즐기고 있다. 알맞은 온도와 적당한 습기 그리고 먹을 것이 갖추어진 곳이라면 어떤 미생물이라도 즐거운 마음으로 오로지 자손들이 번성하기를 바라며 북적거리며 살고 있다.

미생물들이 무리를 지어 살고 있는 모습에는 결코 거짓이나 위선이 없다. 살기에 적당한 조건이면 얼마든지 무리가 커지고, 조건이 맞지 않으면 장소를 옮기거나 조용히 사라져간다. 못된 사람들처럼 무리를 해가며 자리를 지키려고 억지를 부리지도 않는다. 내 한 목숨을 다함으로써 다음 세대를 위한 밑거름이 된다는 생각으로 기꺼이 희생한다. 이렇게 작은 한 생명을 커다란 전체를 위해 아낌없이 내놓는 삶의 모습을 보여준다. 그리하여 보이지 않는 미생물의 밑거름 위에서 자연과 환경, 그리고 생명이라는 거대한 전체가 유지되는 것이다.

우리의 몸도 자연의 일부이기는 마찬가지다. 게다가 우리 몸안에는 헤아릴 수 없이 많은 미생물들이 살고 있다. 그런데도 우리는 전혀 그렇지 않은 것처럼 생각하고 있다. 그것은 우리가 미생물을 제대로 이해하지 못하기 때문이다. 더욱이 우리는 몸안에 들어있는 미생물들이 어떠한 일을 하는지조차 모르는 경우가 더 많아서 미생물과의 대화도 그만큼 늦어지고 있다. 만약에 우리가 몸안에 살고 있는 미생물과 터놓고 이야기를 나눌 수 있다면 어떤 일이 생길까? 도저히 상상도 할 수 없는 끔찍한 일이라고 생각하는 사람들이 많겠지만, 어쩌면 우리의 삶이 의외로 더 아름다

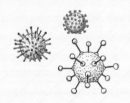

워질 수 있다고 생각하는 사람도 있을 것이다. 그러한 꿈을 이루기 전에 우선 우리 몸에 들어있는 미생물과의 대화를 시도해 보는 것도 의의가 있을 것이다. 이제 상상이 아닌 현실의 세계에서 이제까지 알려진 과학과 지식을 바탕으로 우리 몸과 관련된 미생물과 대화를 나누어보자.

이 재 열

차례

Part 01 눈에 보이지 않는 세계

Part 02 작용과 반작용

Part 03 미생물의 눈으로 세상보기

Part

01

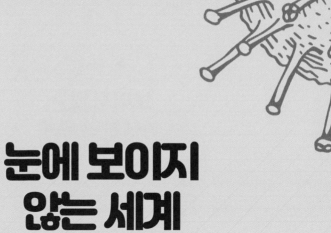

눈에 보이지 않는 세계

보이지 않는
미생물의 세계

　하루의 생활은 밤새 잠을 자면서 쉬었다가 아침에 눈을 뜨는 것으로
부터 시작한다. 눈을 뜨는 순간부터 우리 눈에는 모든 사물이 드러나 보
이는 것이다. 만약에 눈을 떴는데도 잘 보이지 않으면 눈을 비비며 시력
을 회복하여 사물의 존재를 확인하고자 한다. 방안에 놓인 탁자와 의자
의 모습, 벽에 붙어있는 그림액자, 유리창을 통해 내다보이는 바깥 풍경
들 그리고 가까이는 내가 밤새 잠을 자고 난 이부자리의 흔적들도 바라
본다. 모든 것들이 어젯밤 아니 오래 전부터 보아왔던 모습과 전혀 변함
이 없다는 것을 보고 난 뒤에는 자신도 모르게 긴장이 풀리면서 편안한
마음이 자리를 잡는다.

　우리가 사는 세상에 존재하는 모든 사물들은 나를 중심으로 쓰이기
때문에 나에게 가장 알맞은 크기의 물건들이다. 그런데 정작 아침에 눈

을 떠보니 아무것도 보이지 않는다면 우리는 무척이나 당황할 것이다. 그리고 무엇이 잘못된 것인지 미처 확인할 틈도 없이 두려움이 밀려들 것이다. 만약에 갑자기 모든 사물이 1/10로 축소된다거나 또는 10배로 확대된다고 한다면 안 보이는 것보다는 조금 덜하더라도 황당하기는 마찬가지일 것이다. 모든 사물은 나를 중심으로 하는 이른바 10^0은 1이라는 값이므로 모든 것이 나와 동격인 1에 해당하는 크기라고 할 수 있다. 이러한 크기는 나 자신과 비교하여 안심할 수 있는 크기이므로 언제나 편안한 마음으로 세상을 살 수가 있다.

우리가 살아가는 동안에 가끔은 전혀 상상하지 못한 미시의 세계를 경험할 때가 있다. 해마다 봄철이면 중국대륙에서 황사가 날아온다. 황사는 그야말로 진흙가루가 아닌가. 보통 때에는 흙먼지가 일더라도 그런가보다 하고 대수롭지 않게 생각하지만, 저 멀리 중국의 내륙에서부터 흙먼지가 날아온다고 생각하면 언뜻 이해하기 어려운 부분이 있다. 게다가 흙먼지 속에는 여러 가지 아주 작은 크기의 광물질은 물론이고 눈에 보이지 않는 미생물까지 들어있다는 사실을 알고 나면 마치 조금은 다른 세계를 여행한 듯한 생각이 들 때가 있다.

우리 생활에서 먼지는 그야말로 아주 작은 것을 나타내는 대표적인 말이다. 청소를 하더라도 이리저리 흩어져 있는 작은 먼지는 보이지 않지만, 한꺼번에 모아놓으면 먼지덩어리 모습이 드러난다. 아무것도 보이지 않는 선반이지만, 가만히 손으로 밀어보면 선반에 쌓여있던 먼지가 손바닥에 한 움큼씩 묻어 나온다. 이렇게 크기가 아주 작은 것들을 우리가 살고 있는 세상에서 본다면 우리와 전혀 차원이 다른 세상일 것이라고 생각하지만, 먼지나 미생물이 존재하는 미시의 세계가 우리 생활 속에서 가끔씩 드러나기도 한다.

눈으로 볼 수 없는 작은 생물을 우리는 미생물이라 부른다. 미생물은 눈으로 볼 수가 없으니 차라리 없는 것이라 생각하면 마음이라도 편할 듯하다. 그런데 사람들은 호기심을 가졌고, 그 호기심이 발동한 사람들은 작은 미생물을 그냥 그대로 내버려두지 않는다. 오래 전부터 사람들은 눈으로 볼 수 없는 것조차 볼 수 있는 기구를 만들어 눈에 보이지 않는 작은 생물의 존재를 탐구하기 시작했다. 그리하여 전혀 상상하지 못한 미시의 세계를 개척하였다. 이른바 현미경의 세계라고나 할까. 그리고는 점차 미생물의 세계에는 여러 가지 종류가 있다는 것도 알아냈다.

∷ 미시의 세계를 개척한 현미경

눈으로 볼 수 없는 작은 크기는 도대체 얼마만한 정도일까? 이 문장 마지막에 찍힌 마침표는 우리 눈으로 볼 수 있다. 그런데 이 마침표 지름의 1/10 정도라면 가물가물해 알아보기조차 힘들 것이다. 우리 눈으로 구분할 수 있는 한계는 0.1mm이므로 이보다 작은 크기의 생물이라면 모두 미생물이라 할 수 있다. 우리가 알고 있는 대부분의 미생물은 곰팡이, 박테리아, 바이러스 등의 병원균을 중심으로 구분한다. 이 가운데 곰팡이는 실 모양으로 뻗어나는 균사체를 만들기에 이러한 덩어리 균사체가 가끔씩 우리 눈에 띄기도 하지만 박테리아와 바이러스는 전혀 우리 눈에 보이지 않는다. 이들 미생물의 존재는 우리가 어떻게 알 수 있을까?

우리는 여기에서 미생물의 크기와 세포의 크기를 잠깐 비교해보기로 하자. 물론 박테리아가 세포 안으로 침입할 수 있기 때문에 세포는 분명히 박테리아보다는 월등히 크다. 그리고 바이러스 또한 박테리아에 침입할 수 있기 때문에 박테리아는 바이러스보다도 분명히 크다. 그렇다면 도대체 얼마나 큰 것일까? 세포의 크기는 대체로 수십 μm(1μm는 천 분의 1mm)인데 비해서 박테리아의 크기는 보통 μm 단위이고, 바이러스의 크기는 대개 수~수십 nm(1nm는 백만 분의 1mm)이다. 따라서 세포와 박테리아 그리고 박테리아와 바이러스의 크기 차이는 대략 10배 및 100배라고 할 수 있다. 이것은 단순한 길이의 비이므로, 부피로 바꾸면 각각 천 배 및 백만 배의 엄청난 차이를 보인다.

바이러스의 크기는 이제까지 알려진 생명체로서 가장 작은 크기에 불과하지만, 그 크기는 단순한 분자의 크기와 비교하더라도 그리 엄청나게

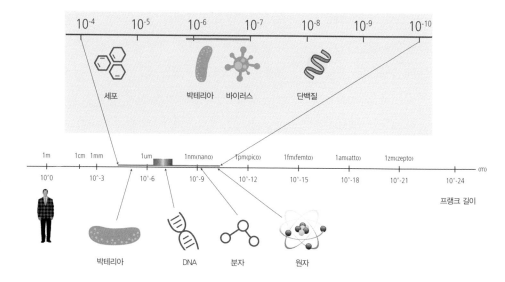

⦂ 미시의 세계

크지도 않다. 일반적인 분자의 크기는 몇 nm 크기에 불과하며, 단백질의 크기 또한 몇 십 nm에 불과한 것과 비교하더라도 바이러스의 크기는 분자 수준에 버금가는 정도이다. 그래도 바이러스는 분자의 크기보다는 조금 크다고 생각해서 10배 정도의 크기라고 생각해보자. 박테리아와 세포의 크기 차이가 부피로 따져서 천 배 정도라고 한다면 바이러스와 분자의 크기 또한 천 배 정도이거나 그보다 작을 수 있다. 그런데 박테리아와 바이러스의 크기 차이는 백만 배 정도의 차이를 나타내는 것은 도대체 어떻게 생각해야 하는 것일까? 이것은 미생물이라 하더라도 단

18

순한 크기의 차이로 비교할 것이 아니라 또 다른 특성의 차이를 살펴보아야 할 것만 같다.

크기가 작은 미생물이라 하더라도 하나의 생명체로 살아가려면 생명체로서의 특징을 가져야 한다. 생명체로서의 중요한 특징으로는 생장과 증식 그리고 변이를 꼽는다. 미생물 가운데 박테리아라 불리는 세균은 생장과 증식 그리고 변이라는 생명체로서의 특성을 갖고 있으므로 완전한 하나의 생명체이다. 어쨌거나 '박테리아'와 '바이러스' 모두가 같은 미생물이라고 생각한다면 '그게 그것'이라고 생각할 수 있겠지만, 이러한 생각과 달리 바이러스는 실제로 생장을 하지 못한다는 점을 생각하면 마치 무생물인 것처럼 보이기도 한다. 박테리아와 바이러스를 '세균'과 '병독'이라는 말로 바꿔 놓으면, 서로를 구별할 수 있는 어떤 느낌이 다가오는 듯도 하다. '균'과 '독'이라는 말의 뜻을 조금만 깊이 생각해 본

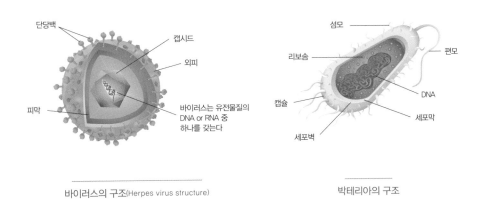

바이러스의 구조(Herpes virus structure)

박테리아의 구조

다면 '생명체'와 '물질'이라는 의미가 살며시 우러나온다.

　그렇다. 완전한 하나의 생명체로 꼽는 박테리아가 살아가기 위해서는 양분은 물론 알맞은 온도와 수소이온농도라는 pH가 확보되어야 한다. 다시 말하면 박테리아는 우리처럼 밥을 먹고, 키가 크고, 결혼하여 자식을 낳고, 지역과 사회에 봉사하며 살고 있다. 이러한 생활은 박테리아가 완전한 생명체이기에 비로소 가능한 일이다. 그런데 바이러스는 먹이를 먹지 않는다는 점에서 박테리아와 아주 다르다. 따라서 바이러스는 시간이 지나더라도 몸집이 커지지 않는다. 이를테면 소형 SUV 자동차가 한 3년이 지났다고 해서 중형 SUV 자동차나 대형 SUV 자동차로 바뀌지 않는다. 자동차는 누가 뭐래도 생명이 없는 무생물이기에 휘발유라는 먹이를 먹는다 하더라도 자랄 수가 없는 것이다.

　아니, 그렇다면 바이러스는 죽었다는 말인가? 여기서 우리는 '죽었다', '살았다'라는 답을 잠깐만 접어두고 조금만 더 생각해 보자. 바이러스는 희한하게도 자신과 똑같은 후손을 아주 많이 만들어낼 수 있다. 다만 바이러스는 살아있는 숙주세포에 들어가야만 이런 일이 가능하다. 경우에 따라서는 더욱 험한 세상에서도 살아남을 수 있는 똑똑한 바이러스 후손들이 태어나기도 한다. 이렇게 바이러스는 생장은 하지 않더라도 증식과 변이라는 생명체로서의 나머지 특징을 가진다. 그래서 사람들은 바이러스를 일컬어 '살아있는 유전물질'이라고 조금은 긴 표현을 쓰기도 한다.

　생명체가 보여주는 생명의 활성은 생명체의 크기가 반드시 중요한 것은 아니라고 말할 수 있다. 눈에 보이는 생물이 살아가는 모습이나 우리 눈으로 볼 수 없는 미생물이 살아가는 현상은 따지고 보면 근본적으로 같기 때문이다. 생장과 증식 그리고 변이라는 생명체의 특성이 고스란히 나타나는 것은 크기가 작은 박테리아의 경우에서도 마찬가지이다. 그런데 바이러스의 경우에는 생장이라는 생명체로서의 중요한 특성이 없다. 그래도 증식과 변이라는 특징을 가지고 있는 바이러스가 생명체로서 한 몫을 한다는 사실이 정말로 대단해 보인다.

박테리아보다도 훨씬 크기가 작은 바이러스가 생물의 몸을 구성하는 세포 안과 밖으로 들고 날 때에는 크기에 따라 흔적이 남거나 경우에 따라서는 전혀 흔적을 남기지 않을 수도 있을 것이다. 세포 속으로 상당수의 바이러스가 들어간다 하더라도 세포는 안으로 들어간 바이러스 입자들의 부피만큼 부풀어 오르지 않는다는 말이다. 만약에 세포가 부풀어 오를 만큼 바이러스 입자가 크다면, 세포는 바이러스에 의해 직접적으로 피해를 입어 파괴되고 말 것이다. 그런데 실제로는 바이러스 입자들이 세포 안에서 증식을 하더라도 세포는 바이러스가 증식하는 동안 늘어나는 부피 때문에 부풀어 오르지도 그리고 물론 터지지도 않는 것은 바이러스의 크기가 세포에 비해 상대적으로 표시조차 나지 않을 정도로 작기 때문이다.

양분을 먹고 자랄 수 있는 박테리아를 증식시킬 때에는 영양배지를 이용한다. 영양배지는 박테리아가 사는 데 필요한 영양분이 골고루 들어 있는 액체배지이므로 우리가 액체의 단위를 헤아릴 때처럼 배지의 양을 측정할 때에는 ml 단위를 이용한다. 밀리리터는 부피로 따지자면 1cm3에 해당하고 이것을 물로 바꾸어 1g의 무게라고 생각해보자. 만약에

1ml의 액체배지 속에 1μm 크기의 세균이 꽉 들어차 있다면 1012마리의 박테리아가 있다고 본다. 왜냐하면 1cm는 10mm이기 때문에 1cm3 속에는 1μm3의 부피를 가진 세균들이 한 변에 10,000마리씩 줄지어 서 있는 셈이므로 입체적으로 보자면 10,000×10,000×10,000 (=1×1012) 마리가 꽉 차게 자리하였다는 뜻이다.

영양배지에서 세균을 충분히 증식시키면 그 숫자는 대체로 108~9마리까지 증식한다. 이렇게 많이 세균이 증식한다 하더라도 1cm3안에서 차지하는 부피는 1/1,000에 불과하다. 이를테면 넓은 운동장에 1,000명의 사람이 모여 있는데 그 가운데 한 사람이 세균의 몫에 해당한다고 볼 수 있다. 그 한 사람이 사람들의 눈에 쉽게 드러날 수 있겠는가? 아무리 눈을 밝히고 찾는다 하더라도 쉽게 찾을 수 없는 일이다. 바이러스는 세균보다도 훨씬 작다. 크기가 아주 작아서 찾아보기조차 힘든 바이러스가 세포 안에 침입한다 하더라도 흔적이 남을 수도 있고 남지 않을 수도 있다는 말이 실감나게 느껴질 수 있다. 그러나 이렇게 작은 크기의 바이러스라고 하더라도 나중에 세포 안에서 어마어마한 숫자로 증식한 후에 세포를 부수고 나오게 되면 비로소 사람들은 바이러스의 존재가 가까이 있다고 느끼게 된다.

이제까지 알려진 바이러스 가운데 가장 작은 바이러스는 박테리아에 기생하는 MS-2라는 박테리오파지이다. MS-2 파지는 외가닥의 RNA를 핵산으로 가졌으며, 약 3,600개의 RNA 염기로 구성되었다는 사실이 바이러스 가운데 가장 먼저 밝혀졌다. 물론 MS-2 파지는 바이러스이기에 핵산을 둘러싸고 있는 외피단백질을 가진 것은 두말할 나위가 없다. 그

런데 바이러스와 비슷한 성질을 가졌으면서
도 외피단백질을 가지지 않은 식물 병원
체의 존재가 알려졌다. 외가닥의
RNA를 가진 것은 바이러스와 같지
만 외피단백질을 가지지도 않고
물론 숙주세포 안으로 들어가지
않으면 스스로 복제하지도 않는
다. 더욱 흥미로운 것은 300~ 380
개의 RNA 염기로만 구성되었다는
점이다. 그래서 이것을 바이러스와 비슷
하다고 하여 바이로이드Viroid라고 부른다.

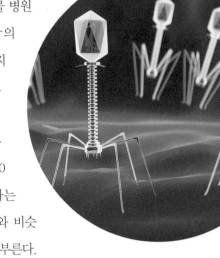

： 박테리오파지(bacteriophage)

　따지고 본다면 바이로이드 역시 바이러스
와 같이 생명체로서의 특성을 가졌다. 핵산
염기의 수를 비교하더라도 가장 작은 바이러스의 1/10 정도에 불과한
바이로이드야말로 이제까지 밝혀진 가장 작은 미생물이라고 말할 수 있
다. 바이로이드의 존재가 알려진 것은 1980년대의 일이다. 당시에는 바
이로이드라는 말이 없었기에 그냥 '전염성인 저분자량의 RNA'라고 불
렀다. 이것은 마치 우리가 바이러스를 바이러스라 부르기 이전에 '액성
전염물질'이라고 불렀던 것을 기억나게 해준다.

　바이러스 핵산의 1/10도 채 안 되는 크기인 바이로이드 RNA가 독자
적인 증식체계를 갖추고 더 나아가 변이까지 일으킨다는 사실은 우리를
새삼스레 놀라게 만든다. 그리고 우리들로 하여금 도대체 얼마나 작은

크기의 생명체가 앞으로도 나타날 수 있다는 것일까라는 의문을 갖게 한다. 아직까지 완전한 성질이 알려지지는 않았지만, 우리를 더욱 놀라게 만든 것으로는 소에서 나타나는 광우병(狂牛病)의 병원체를 꼽을 수 있다. 이전의 것과는 전혀 다른 성질을 가진 새로운 병원체로 드러난 프리온Prion은 단백질의 성질을 나타내기에 이와 같은 이름을 붙였다.

병원체라고 한다면 숙주에 들어가 병원체의 숫자가 늘어나야 한다. 숫자가 늘어나는 것은 증식이라 할 수 있는데, 스스로 증식할 수 없다면 어떤 영향을 받아서라도 원인물질의 수가 늘어야 병으로 발전한다는 뜻이다. 이제까지 알려진 프리온은 스스로 똑같은 단백질을 만들어내는 것

정상 프리온　　　　　변형 프리온

⋮ 광우병(狂牛病)의 병원체 프리온(Prion)

보다는 차라리 정상적인 단백질을 변형시킴으로써 제 역할을 못하게 만들고 결국에는 생명체를 소멸시킨다. 이러한 사실은 특정한 단백질이 스스로 증식하는 것은 아니더라도 변형된 단백질의 수를 늘릴 수 있다는 것을 뜻하며, 앞으로 이에 대한 정확한 메커니즘이 알려진다면 언젠가는 새로운 병원체로 확인될 수도 있을 것이다.

　만약에 새로운 병의 원인물질이 스스로 증식할 수 있다는 것이 정확히 밝혀진다면, 이제는 어떤 생물 분자조차 스스로 분열 또는 증식한다는 것을 의미하게 되는데, 완전한 생명체가 아닌 무생물에 가까운 분자들이 그야말로 생생히 활동하면서 새로운 미시의 세계를 구축하는 것은 아닐까? 도대체 생명의 특성이라고 하는 생장의 의미는 어디에서 찾아야 할 것인지 아니면 우리가 생명에 대한 정의를 또 다른 내용으로 바꾸어야 하는지 등에 관한 많은 어려움이 좇아오는 듯하다.

우리 몸의 선조,
박테리아

　우리는 지구의 나이를 46억 살로 추정하는 데 주저하지 않는다. 그리고 우리는 지구에서 최초의 생명체가 태어난 시기를 약 35억 년 이전으로 잡는 것도 동의한다. 지구의 생성과 생명 탄생의 시기에 대한 과학적인 설명은 암석과 화석이라는 증거에 의존할 수밖에 없는데, 다행히 오래된 암석과 화석의 원소구성을 보고 그들의 생성연대를 추적하는 방법을 찾아냈기 때문에 가능한 일이다. 암석은 그야말로 바위덩어리인데 지구가 생성되면서부터 암석이 만들어진 것은 아니고, 지구가 태어난 이후 한동안 시간이 흐른 다음에 암석이 만들어졌다. 그렇기 때문에 아무리 오래된 암석이라 하더라도 지구의 생성 시기부터 지금까지 남아 있는 암석은 찾을 수 없다. 다만 지구가 만들어질 때에 일부가 떨어져 나가 지구 주위를 도는 위성이 되었다는 달의 암석을 살펴봄으로써 간접적인 지구의 나이를 추정할 수 있다.

 암석과 같기도 하고 다르기도 한 화석은 도대체 어떠한 의미를 갖는 것일까? 화석은 암석이 만들어질 때에 휩쓸려 들어간 다른 것들의 흔적이 남아 있기에 중요한 의미를 갖는 것이다. 이를테면 암석 속에 생명의 흔적이 남아 있다면, 그러한 생물체가 언제 살았던 것인지 암석의 나이를 추정하여 생물이 살았던 때를 더듬어볼 수 있다. 암석 속에 생물의 흔적이 남아 있다 하더라도 그것은 생물이 아니라 이미 암석의 일부분으로 변해버린 것이다. 그러므로 이렇게 암석으로 변해버린 생물의 증거물을 우리는 화석이라고 부른다. 화석의 종류에는 생물 그 자체의 모습을 간직한 화석만이 아니라 산화작용으로 이미 생물체의 모습이 사라져버리고 흔적만 남아 있는 화석도 있다. 우리나라에서는 공룡 화석이 좀처럼 발견되지 않지만, 공룡의 발자국 화석은 세계에서 제일 많이 남아

: 공룡의 발자국 화석

있는 것도 이러한 흔적 화석의 한 예이다.

지구에서 최초로 태어난 원시생명체는 지금의 박테리아와 같은 모습이었다고 한다. 최초의 생명체가 태어난 시기는 지구가 생겨난 시기로부터 10억 년 정도밖에 되지 않지만, 그때까지 지구에서는 하나의 생명체를 탄생시키기 위해서 화학적인 친화력이 수많은 시행착오를 거치면서 부단한 노력을 기울였을 것이다. 그러한 노력의 결과로 태어난 원시세포는 원시적인 핵 모습을 한 원핵생물이라고 한다. 원핵생물이라 불리는 지금의 박테리아는 맨눈으로 볼 수 없는 작은 크기이다. 이렇게 작은 크기의 원시생물체가 우리 눈에 뜨이는 것은 바로 스트로마톨라이트 stromatolite라는 화석으로 흔적을 남겨주었기 때문이다.

지구에서 태어난 생명체의 최초 화석인 스트로마톨라이트는 호주 대륙의 해안가에서 찾아볼 수 있으며, 작게는 지름이 1cm에서 크게는 사

: 호주 대륙의 해안가의 스트로마톨라이트

람의 크기만한 정도의 퇴적암석이다. 눈으로 볼 수 없는 작은 크기의 원핵생물인 박테리아가 어떻게 이만큼 커다란 바윗덩어리로 커진 것인지 의문이 아닐 수 없다. 어쩌면 그것은 지구에서 원시생명체인 박테리아가 태어난 뒤에 단독으로 생활한 것이 아니라 무리를 지어 살아가는 방법을 터득하였기에 험한 환경에서 살아남아 우리에게 그들의 모습을 보여줄 수 있었던 것으로 생각할 수 있다. 지금 우리들이 한데 모여 거대한 도시를 이루며 살고 있듯이 박테리아도 커다란 무리를 이루며 서로 돕는 집단생활을 했을 것이라는 의견이 지배적이다.

학자들은 진핵세포가 생겨난 시기를 지금으로부터 십 수억 년 전이라고 내다본다. 원시생명체인 원핵생물에서 진핵생물로 변화해간 시간이 거의 20억 년이나 되었다는 말이다. 처음 생명체가 나타난 기간보다도 더 오랜 시간을 두고 부단히 노력하여 더욱 새로워진 모습을 갖춘 진핵생물로 나아갈 수 있었던 것이다. 원핵생물로부터 진핵생물로까지 변화하는 시간이 그렇게 길었던 것은 그만큼 그 과정이 어려운 일이었다고 본다. 학자들은 그 길었던 시간을 '잃어버린 시간'이라고 말하기도 한다. 그것은 원핵생물과 진핵생물간의 생명활동의 체계가 그만큼 달라진 것을 의미하기도 한다.

원핵생물인 박테리아가 진핵생물로 진화해 나가는 '잃어버린 시간' 속에서는 어떠한 생물적인 변화가 있었을까? 무엇보다도 생물이 살아있다는 것은 호흡작용을 통해 필요한 산소를 받아들이고 몸안에서 쓰고난 이산화탄소를 내뱉는 것이 정상적인 과정이라고 생각한다. 왜냐하면 우리가 아는 대부분의 살아있는 생물체는 산소를 받아들이고 이산화탄소를 배출하면서 살고 있기 때문이다. 그런데 처음 지구가 생성되고 생명체가 태어나던 시기에는 대기 속에 산소가 존재하지 않았다. 그러던 것이 지금은 대기 가운데 21%가 산소로 채워져 있고, 그 비율이 항상 그대로 유지되고 있다.

우리는 지구에서 산소가 만들어지는 것은 광합성 작용을 하는 식물이 이산화탄소와 햇빛에너지를 바탕으로 영양물질인 포도당을 만들고 산소를 내어놓는 것이라고 알고 있다. 물론 광합성을 할 수 있는 생물로는 식물만이 아니라 시아노박테리아cyanobacteria(남조류라고도 부른다)라는 원핵생물도 있다. 지구에서 태어난 최초의 생명체는 원핵생물인 박테리아라고 한다면, 아무래도 스스로 영양분을 만들어낼 수 있는 원핵생물은 시아노박테리아라고 보는 것이 타당하다. 이러한 원시 박테리아가 광합성 활동을 하면서 영양분을 스스로 만들어 이용하였고 더 나아가 엄청

현미경으로 관찰한
시아노박테리아

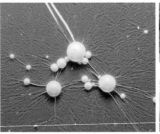

수면 위에 있는
시아노박테리아

강의 표면을 덮고 있는
시아노박테리아

나게 많은 박테리아가 모여 집단생활을 하고 스트로마톨라이트라는 화석을 남긴 것이라고 보아도 틀림이 없다.

산소가 없었던 원시대기 속으로 광합성을 할 수 있는 시아노박테리아들이 산소를 내놓기 시작하면서 박테리아 이외의 생물들이 나타날 수 있는 기회가 오히려 줄어들었다. 왜냐하면 산소는 반응력이 커서 다른 물질들과 반응이 쉽게 일어나기 때문에 어느 생물이든 간에 활발히 일어나는 산소반응을 적절히 막아주지 못하면 살아가는 데 위협을 받기 때문이다. 그러므로 생물들이 살기 위해서는, 어떻게 해서든지 생명의 위험을 줄이기 위해서는 산소로부터 격리되는 구조를 만들어야 했었다. 생물이 산소로부터의 위협을 벗어나는 길은 두 가지 방법이 있다. 먼저 산소가 통하지 않도록 철저히 차단시키는 구조를 갖추어 활용하는 것이고, 다음으로는 산소가 들고나는 구조 안에서 들어온 산소를 부지런히 이용하거나 다른 곳으로 재빨리 전해주어 구조 안에서의 산소 농도를 낮추는 방법이다. 가장 손쉬운 방법은 산소의 흐름을 막아버리는 것이지만, 생물의 활동에는 산소가 어느 만큼 필요한 경우도 많이 있다. 그렇기 때문에 필요한 만큼의 산소를 이용하면서 산소의 농도를 낮추는 방법은 두 번째 방법이라야 한다. 이와 같이 특별한 구조 안에서 산소의 농도를 낮추는 방법은 진핵생물에서 많이 찾아볼 수 있다.

원핵세포로부터 진핵세포로 나아가는 과정은 아직까지 확실히 밝혀진 바는 없지만, 현재까지 밝혀진 과학적인 지식으로 볼 때에 진핵세포로 나아간 것은 매우 극적인 변화였다고 할 수 있다. 무엇보다도 궁금한 최초의 진핵세포는 아마도 주위에서 마주칠 수 있는 다른 개체를 쉽게 받아들인 원시세포였을 것이다. 이들은 다른 종류의 박테리아를 손님처럼 받아들였을 터인데, 손님이었던 박테리아는 아예 자리를 잡고 눌러앉아 식구처럼 일하게 되었을 것이다. 그 모습이 어쩌면 우리 사회에서 찾아볼 수 있는 데릴사위라고나 할까? 이렇게 손님에서 식구가 되어버린 박테리아는 미토콘드리아mitochondria라는 소기관이 되어 몸안에서 필요한 에너지를 만들어내는 일을 맡게 되었다. 그리고 시아노박테리아처럼 햇빛 에너지를 이용하는 박테리아는 세포 안에서 광합성을 담당하는 엽록체chloroplast가 되었을 것이다. 또한 스프링 모습을 한 스피로헤타

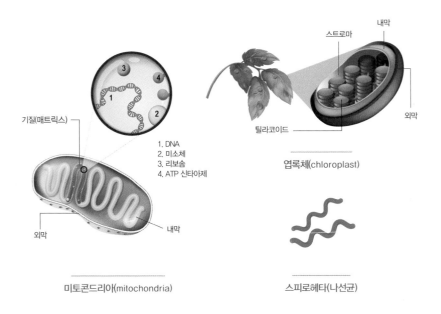

기질(매트릭스)

1. DNA
2. 미소체
3. 리보솜
4. ATP 신타아제

외막

내막

미토콘드리아(mitochondria)

스트로마

내막

외막

틸라코이드

엽록체(chloroplast)

스피로헤타(나선균)

spirochaeta 는 진핵세포의 내부 골격을 이루고, 수축할 수 있는 섬유로 되어 세포 안에서 물질이동을 담당하며, 세포가 움직이는 데 필요한 운동기관은 물론 진핵생물의 유전자를 복제하는 데 쓰이는 재료들을 모으는 일을 맡았다.

물론 이러한 세포 안의 기관들은 마침내 딸세포가 만들어질 때에 함께 복제되는 과정으로 나아갔다. 생물학자인 린 마굴리스Lynn Margulis에 따르면, 세포 안에 자리한 이들 소기관들 덕분에 생물체들은 유독성 기체인 산소의 위협으로부터 벗어날 수 있게 되었다고 설명한다. 이를테

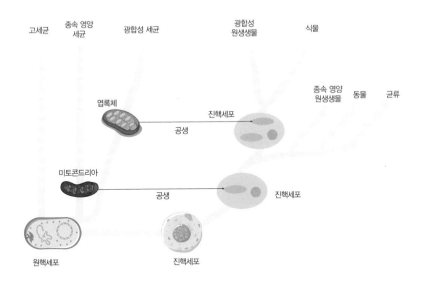

: 식물세포의 구조

면 산소라는 독가스에 대해서 진핵세포 안에 살게 된 미토콘드리아가 세포들이 피해를 입기 전에 산소를 빨아들여 이것을 세포 공동체의 식구들을 위한 재료로 바꾸어줌으로써 위험한 사태를 수습하도록 하였다. 다시 말해서 진핵세포 안에 들어가 소기관이라는 새로운 모습으로 변화한 원핵세포들은 진핵세포 안에서 공생이라는 새로운 관계를 만들어낸 것이다. 원핵세포에서 진핵세포로 나아가는 과정은 박테리아의 입장에서 생각해보면 이른바 '붙어 살기'에서 '함께 살기'로 이어진 것이라 할 수 있다.

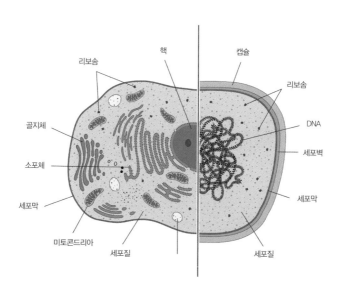

∷ 원핵세포와 진핵세포

원핵생물과 진핵생물의 차이는 세포 안에서 핵을 구성하는 물질을 둘러싸서 보호하는 핵막이 있느냐 없느냐 하는 단순한 차이가 아니다. 이들의 차이는 구조적인 부분에서부터 생리적인 활동에 이르기까지 근본적인 차이가 있다. 우선 원핵생물과 진핵생물은 자손을 만드는 방법부터 차이가 있다. 원핵생물인 박테리아는 하나의 세포가 두 개로 나누어지는 이분법이라는 무성생식으로 증식하지만, 진핵생물은 암수의 성을 갖춘 상태에서 각각의 생식세포가 합쳐지는 이른바 유성생식을 한다.

다음으로 원핵생물과 진핵생물은 산소라는 기체를 이용하는 방법에서 뚜렷한 차이를 보인다. 원핵생물인 박테리아는 산소가 있으나 없으나 관계하지 않고, 있으면 있는 대로 없으면 없는 대로 살 수가 있다. 그러나 진핵생물은 호흡작용을 통해 산소를 받아들이고 이산화탄소를 배출한다. 다시 말해서 산소를 받아들여 에너지 대사를 할 수 있는 체계를 세웠기 때문에 생존이 가능했고, 산소의 산화작용으로부터 자신을 지킬 수 있는 체계를 마련하는 시간이 그만큼 길었기 때문에 원핵생물보다도 훨씬 나중에 태어난 것이라고 설명할 수도 있다.

산소의 생산과정도 매우 중요하다. 원시대기에는 산소가 없었는데, 광합성을 할 수 있는 시아노박테리아들이 산

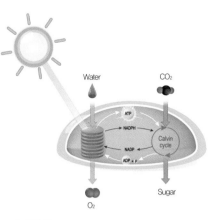

: 광합성

소를 만들어내기 시작하여 물에 녹아들었고 드디어는 대기에 산소가 포함되면서 결국에는 지금처럼 대기의 21% 정도의 엄청난 산소가 만들어져 평형상태를 이루게 되었다. 지구에서 산소가 축적되면서부터 생물의 세계에도 변화가 일어날 수밖에 없었다. 원핵세포에서 진핵세포로 나아가는 시간은 지루할 만큼 길었지만, 원핵세포와 진핵세포가 공존하면서부터 서로는 숙명처럼 도와가면서 살아가야만 했다. 산소가 있건 없건 독립적으로 살 수 있을 것만 같은 박테리아도 어떤 형태로든지 산소를 만들어내는 식물의 도움을 받지 않을 수 없다. 때와 장소를 가리지 않고 얼마든지 번성할 수 있는 시아노박테리아이지만, 식물이 없다면 자신도 필요한 많은 양의 산소를 손쉽게 확보할 수가 없다. 또한 식물은 광합성을 통해 모든 생물들이 필요로 하는 영양분인 포도당을 넉넉하게 공급해준다. 포도당은 어떤 종류의 세포들이라도 호흡과정에서 연료로 쓰이기 때문에 필수적인 영양분이다.

원시생명체로 태어난 박테리아는 어떻게 지금까지 긴 시간동안의 변화에 흔들리지 않고 그대로 살아남을 수 있었을까? 그 이유로는 몇 가지 조건을 생각해 볼 수 있을 것이다. 우선 박테리아는 단독으로 살지 않고 집단을 이루어 살고 있다는 점이다. 우리가 보기에 모든 박테리아는 하나씩 떨어져 독립적으로 사는 것처럼 보이지만, 실제로 이들은 무리를 이루어 살고 있다. 우리는 이것을 집락colony이라고 부른다. 박테리아가 살아가는 장점의 하나는 삶의 조건만 맞으면 순식간에 증식하여 집단을 이루는 것이다.

다음으로 박테리아는 많은 수가 그대로 모여 있는 것이 아니라, 집단을 이룬 가운데에서도 서로가 맡은 일이 다르다. 어떻게 그러한 일을 할 수 있는지 정확히 알려진 바는 없지만, 박테리아의 집단에서 안쪽에 있는 것과 바깥쪽에 있는 것들이 하는 일이 조금씩 다르다고 한다. 그것은 마치 박테리아 집단이 하나의 생명체처럼 서로 다른 일을 나누어 분업을 하고 있는 모습과도 같다. 이를테면 박테리아 집단의 어떤 부분은 광합성을 열심히 수행하여, 햇빛 에너지를 ATP^Adenosine triphosphate라는 분자의 형태로 모으는 일을 전문으로 한다. 그리고 다른 부분의 박테리아는 햇빛 에너지를 이용하여 주위 환경에서 영양물질을 받아들이고, 쓰고 남은 것들을 폐기물로 축적하는 일을 주로 맡는다. 이와 같이 처음으로 지구에 생겨난 박테리아도 어느 틈엔가 집단을 이루고 서로가 할 수 있는 일을 나누어 했을 것이라고 본다.

또 다른 조건이라면 박테리아가 집단을 이루고 분업을 하면서 유전적인 능력을 발휘하여 서로가 협력할 수 있는 체계를 더욱 발전시켰다고 볼 수 있다. 집단을 이룬 박테리아는 공동체를 이루어 하나의 '완전한 세포'처럼 일한다. 공동체를 이룬 각각의 박테리아는 주어진 환경 속에 자리 잡은 채 자신이 만들어낸 대사작용의 산물을 공동체에 제공하고, 다른 한편으로는 자신의 생존을 위해 공동체가 제공해주는 것들의 도움을 받는다. 암석을 분해할 수 있는 능력을 갖춘 박테리아는 주어진 환경에서 있는 힘을 다해 칼슘, 칼륨, 나트륨, 규소 등의 필수 원소들과 그밖에 필요한 극소량의 원소들을 추출해 낸다. 다른 박테리아들은 황, 인, 나트륨, 칼륨, 망간, 마그네슘 등의 원소들을 물속에 용해된 상태에서 흡수하기도 했다. 한편으로 광합성을 할 수 있는 박테리아는 자신이 만들어낸 유기분자들을 공급한다. 게다가 공동체에서 필수원소들이 부족할 경우에는 박테리아 구성원들은 많은 양의 필수원소를 부족한 곳에 집중시켜 문제를 해결해나가는 체계를 운영한다.

마지막으로 박테리아는 이러한 여러 가지 성질들을 이용하면서 환경에 적응해나가는 능력을 극대화시켰다고 본다. 더욱이 박테리아는 환경 조건만 적당하면 순식간에 증식할 수 있는 능력과 세대 기간이 짧다는 무시할 수 없는 장점을 갖추었기에, 환경에 적응할 수 있는 능력이 탁월하다. 오랫동안 하나의 생물이 환경의 변화를 이기고 살아남는다는 것은 우선 적응을 잘 하거나, 새로운 환경에 맞게 변화할 수 있는 능력을 갖추었다는 이야기이다. 스스로 변화하지 않고 살아남으려면 변화를 내 것으로 포용할 수 있는 특징을 가졌거나, 이에 상응하는 특별한 능력을 갖추어야 한다. 박테리아가 집단을 이루는 탁월한 증식력과 분업능력 그리고 서로 도울 수 있는 연합체계를 갖추어 환경에 적응할 수 있는 능력을 발전시켰기에 지금까지 박테리아가 그만한 자리를 차지한 것이리라.

지금까지 살아남은 박테리아는 자신을 크게 변화시키지 않는 대신에 주위의 변화를 내 것으로 수용하는 다양한 특징을 가진 것으로 볼 수 있다. 그와 동시에 다양한 특징을 가진 다른 종들과 연합하여 환경 속에서 살아남는 방법도 지금까지 지켜왔고, 특별한 능력을 쉽게 나누어줄 수 있는 기본 능력도 함께 갖추고 있다. 새로운 환경 속에서 생물이 살아남기 위해서는 서로 다른 능력을 가진 집단이 일을 나누기도 하고, 서로 다른 능력을 가진 생물들이 힘을 합치기도 한다. 이러한 생물의 살아남기 위한 노력은 생물의 다양성으로 이어진다. 그리하여 생물의 다양성을 바탕으로 새로운 환경에 적응하는 능력을 키우는 것이 바로 생물의 생명활동이다. 오래 전부터 박테리아는 이러한 생존전략을 깨우쳤는지 오래도록 살아남을 수 있는 여러 가지 방법을 동원하여 지금까지 여유 있게 우리 주위에서 자신의 자리를 차지하고 있다.

몸안의 미생물,
몸밖의 미생물

날씨가 쌀쌀해지기 시작하면 사람들의 인사말은 "감기 조심하세요."라고 바뀐다. 그리고 이런 인사말이 조금도 이상하게 들리지 않는다. 겨울철에는 감기를 비롯한 독감이나 폐렴 등의 호흡기질병이 위세를 떨치기 때문이다. 그래서 되도록 겨울철에 감기나 몸살로 고생하지 않으려면 여러 가지 방법을 동원하여 몸을 보호하며 조심하게 된다. 병이라는 것이 조심한다고 해서 걸리지 않는 것은 아니지만, 그렇더라도 비교적 안심할 수 있는 방법을 찾아 미리 대비하면 그리 쉽게 병에 걸리지 않기 때문이다.

우선 병에 걸리지 않으려면 병의 원인이 되는 병원균으로부터 멀리 떨어져야 한다. 병원균이 모여 있거나 살고 있는 곳, 이를테면 환자나 환자가 있는 병실 등으로부터 거리를 유지해야 한다. 병원에 입원해 있는 환자를 방문할 때에도 면회시간이 정해져 있고 노약자나 어린이는 특별한 경우가 아니고는 병원 출입을 금하는 것도 병원균의 감염을 막고 병의 전파를 차단하자는 목적이 깔려있다. 여러 사람이 사는 사회에서는 스스로 지켜야 할 여러 가지 규범들이 있다. 그 가운데에는 사회적인 규범뿐만 아니라 과학적인 지식을 바탕으로 사람들의 건강과 청결한 위생 상태를 유지하기 위해 만들어 놓은 규범도 있다. 자신의 건강을 과신한 나머지 질병에 대한 예방과 관리를 무시하다보면 병에 걸려 스스로 고통을 당하는 경우도 많다.

다음으로 병이 나타난 환자와의 접촉을 피해야 한다는 것은 너무나 당연한 일이다. 그렇지만 병이 미처 나타나지 않은 보균자와의 접촉은 사람들이 깨닫지 못하는 사이에 이루어지기 마련이다. 더군다나 병을 일으킬 수 있는 미생물은 눈에 보이지 않기 때문에 우리가 생활하는 동안에 보균자와 만나 이야기하고 접촉하더라도 언제 얼마나 접촉했는지 전혀 알아챌 수가 없다. 보균자가 표시를 하고 다니지는 않기 때문이다. 그렇다고 해서 그다지 큰 문제를 일으키지도 않은 감기 바이러스의 보균자에게까지 스스로 보균자라는 표지를 달고 다녀야 한다는 법적인 제재도 마련할 수가 없다. 물론 법정 전염병의 경우에는 특별한 격리치료를 받아야 하는 것이 원칙이다. 그러기에 이렇게 사소한 문제는 각자가 스스로 알아서 상식적인 수준에서 해결해야 할 부분이다.

우리가 살고 있는 주변에는 얼마나 많은 미생물이 살고 있는지 정확히 헤아릴 수도 없다. 그렇기 때문에 우리가 병에 걸렸다고 하더라도 언제 어디에서 어떻게 병원균에 감염되었는지 알 수가 없는 일이다. 미처 깨닫지 못하는 동안에 우리는 병원균과 접촉하였고, 그것이 몸안으로 들어와 자리 잡고 병을 일으켰기 때문이다. 이러한 접촉을 피하기 위해 일반적으로 가장 널리 이용하는 방법이 바로 비누로 닦아내는 세척이다. 바깥나들이를 하고 난 후 집에 들어와서는 반드시 손발을 씻고 먼지를 떨어내는 습관을 어렸을 때부터 길러주는 것은 부모가 해야 할 필수적인 가정교육이다.

외출 후 집에 돌아와 손씻기를 잘 해야 하는 이유를 이론적으로 설명하기 어렵다고 하더라도 일단 그것이 습관으로 자리 잡았다면 위생적인 관점에서는 그야말로 효과 만점이라고 할 수 있다. 예를 들어 바깥나들이를 하지 않은 갓난아기들도 종종 감기를 앓는 경우가 있다. 감기는 분명히 공기에 의해 전염되므로 방안 공기에 감기의 원인 바이러스가 있었을 것이라 생각할 수 있다. 부모의 마음에는 아기가 아픈 것이 자신의 잘못이라 여기며, 청소도 잘 안 했기 때문이라며 부끄러워할 것이다. 그런데 어

∴ 코로나 생활수칙

떤 부모가 아기가 병에 걸려도 좋다는 식으로 방안을 깨끗이 하지 않는 단 말인가? 그런 일은 결코 있을 수 없는 일이다. 그렇다면 과연 아기가 감기에 걸리는 이유를 어떻게 설명해야 할 것인가?

실제로 사람들이 감기에 걸리는 것은 공기전염을 통해서라기보다는 손을 통한 접촉으로 이루어지는 가능성이 더 많다고 한다. 어린아이들은 무엇이든지 눈에 보이는 것을 움켜쥐고서는 바로 입으로 넣는 습성이 있다. 호흡기병이라 하더라도 이렇게 손에 닿아 감염되는 경우가 훨씬 많다는 사실이 오래 전부터 알려졌다. 그러기에 외출한 후 집에 돌아오면 반드시 손부터 씻는 습관을 어렸을 때부터 길러주는 것은 위생에 대한 전문지식을 가르친다기보다도 건강하게 살아가는 한 가지 지혜를 몸에 배도록 붙여주는 셈이다.

최근에 이르러 우리 모두를 두렵게 만드는 코로나19가 어느 틈엔가 우리 가까이 다가와 있다. 무증상 감염자의 움직임에 따라 언제 어디에서 어떤 접촉으로 자신이 감염되는지 모르는 위험을 줄이고자 한다면, 밀폐된 공간에서의 밀집된 모임 그리고 밀접한 접촉을 피해야 하는 것은 당연한 일이다. 그뿐만 아니라 어쩔 수 없이 나들이를 해야 한다면 마스크를 쓰는 것은 기본적인 예의이며, 집에 돌아와서는 바로 손씻기를 해야 하는 것이 일상적인 당연한 일이 되어버렸다.

눈에 보이지 않는 미생물에 대해 궁금한 사항들이 너무나 많다. 아무리 눈을 크게 뜨고 보더라도 미생물은 그야말로 눈에 띄지 않기 때문에 속수무책인 경우가 허다하다. 도대체 어디에 얼마나 많이 살고 있는지? 그 모습을 눈으로 보고 확인할 수만 있다면 보다 쉽게 질병을 이해할 수 있고 그 피해로부터 쉽게 벗어날 수 있을 것 같기 때문이다. 한편으로 돌이켜 생각해보면 의외로 반가운 면도 있을 것이다. 만약에 눈을 감을 듯 말 듯 지긋이 바라보아 미생물이 보인다 해도, 우리 눈에는 모든 미생물들이 한없이 겹쳐 보여 무엇이 무엇인지 제대로 구분할 수 없을 것이다. 그러므로 미생물이 우리 눈에 보이지 않는 것만으로도 오히려 다행스러운 일이라 생각할 수 있기 때문이다.

그런데 실제로 우리 몸의 안과 바깥에는 얼마나 많은 미생물들이 존재할까? 아무리 둘러보아도 보이지 않는 미생물들이 과연 있기나 한 것일까? 있다면 도대체 어디에 얼마나 많이 있는 것일까? 상상만으로는 도저히 이해하기 어려운 일이다. 그래서 이치적으로 따져보고 실험으로 증명해 보아야만 한다. 미생물이 살고 있다는 것을 이해한다면 비로소 우리는 미생물이 어디에서 살며 왜 살고 있는지, 그리고 무엇을 먹으며 얼마나 복작대며 살고 있는지 따져볼 수가 있다.

미생물의 존재를 확인한 후에는 그것이 어떠한 종류인지 그리고 그러한 미생물이 살 수 있는 장소가 어떤 곳인지 그 다음에는 미생물이 살아가는 데 알맞은 조건이 갖추어져 있는지 등에 대해 조목조목 따져 살펴보아야 한다. 다시 말해서 미생물의 존재는 생명활동과 관계가 있기 때문에 미생물 증식의 결과를 보고 그들의 종류와 분포 그리고 서식조건을 알아볼 수 있다는 뜻이다. 대체로 미생물의 존재를 확인하기 위해서는 미생물이 잘 살 수 있는 영양배지를 만들어 그 안에서 원하는 시료(샘플이라고도 부른다.)를 넣어 미생물이 자라나는가를 보고 확인하는 것이 일반적인 방법이다.

우리 주위에서는 가끔씩 결벽증을 가진 사람을 찾아볼 수 있다. 손을 씻더라도 한번 씻는 것이 아니라 씻고 또 씻기를 한없이 되풀이하면서 손을 씻는 이를 볼 수 있다. 옆에서 지켜보면서 어쩌면 정신이상이 아닌가를 의심할 정도이다. 아니 그 자체만으로도 충분히 정신이상이라고 할 수 있다. 치매기가 있는 어르신이 그런 행동을 보인다면 그러려니 이해할 수도 있지만, 젊은 사람이 그러한 행동을 보이면 왠지 고개를 갸웃거리게 된다. 과연 그렇게 여러 번 깨끗이 비누칠을 해가며 씻고 또 씻는다면 미생물이 하나도 없이 떨어져 나갈 것인가?

우리가 살아있다는 것은 잠시라도 쉬지 않고 숨을 쉬는 것이나 끼니 때마다 배고픔을 느끼고 먹는다는 것만으로 설명할 수는 없다. 육체적인 움직임은 물론이거니와 사회적인 활동까지 생각해야 비로소 사람으로서 살아가는 보람을 느낄 수 있다. 매일매일 일터로 나가 할 일을 한다는 것이 생활의 보람이 되는 것이다. 비록 출퇴근 시간마다 비좁은 지하철과 버스 안에서 꼼짝 못하고 갇혀 있지만, 그러한 행동을 통해서 생활의 즐거움과 삶의 보람을 찾게 된다. 버스나 지하철에 매달린 손잡이를 남이 잡았던 것이라고 해서 불결하다고 느껴 결코 붙잡지 않는 사람은 없을 것이다.

눈에 보이지 않는 수많은 미생물이 손잡이에 붙어 있을 것이라고 생각하지만 그것들 모두가 무서운 병을 일으키는 병원균이라고 생각하지는 않는다. 실제로 간단한 실험으로 이를 증명할 수도 있다. 손잡이를 쥐었던 손에 무균처리한 장갑을 끼었다가 실험실에서 준비한 미생물의 배양액에 넣고는 알맞은 온도에서 증식시킨 다음에 미생물의 종류를 조사해보는 것이다. 도대체 얼마나 많은 종류의 미생물이 자라고, 그 가운데 병을 일으킬 수 있는 병원균은 몇 종류나 되는지 정확히 따져보면 의문은 곧 풀릴 것이다. 일반적으로 생활주변에서 살고 있는 미생물의 종류는 이루 헤아릴 수 없이 많지만 정작 병을 일으킬 수 있는 미생물의 종류는 전체의 1%를 넘지 않는다는 것이 일반적인 실험결과이다. 그런데도 우리는 수많은 종류의 미생물들이 모두가 병원균인 양 호들갑을 떠는 경우가 많이 있다. 그런 호들갑이 적당히 필요한 부분도 있다. 왜냐하면 눈에 보이지 않는 미생물이 분명히 존재하고 있다는 사실을 널리 알려주는 것과 함께 보이지 않기 때문에 무시하기 쉬운 미생물의 중요성을 특별히 강조하고자 하는 목적에서는 충분한 효과를 거둘 수 있기 때문이다.

얼마 전에 우리나라 한국은행에서 발표한 자료를 보면 2020년 상반기에 화폐 교환 창구에서 교환해준 손상화폐는 2,360만 장으로 금액으로는 60.5억 원에 이르며 전년 같은 기간보다 720만 장이 많았고 금액으로는 24억 2,000만 원이 많았다고 한다. 한국은행에서는 화재나 기타 원인으로 훼손된 지폐를 교환해주는 제도를 시행하고 있는데, 전체 지폐에서 어느 만큼이 남아 있는가에 따라 차이를 두고 바꿔주고 있다. 예를 들자면 전체 지폐의 4분의 3 이상이 남아있으면 원래 지폐에 해당하는 새 돈으로 바꿔주고, 지폐의 남은 면적이 5분의 2 이상에서 4분의 3 미만이면 절반의 가치만 인정해주며, 5분의 2도 안 되는 상태이면 교환해주지 않는다고 한다. 지폐와 달리 동전의 경우에는 모양을 알아볼 수 있다면 전액을 교환해준다고 한다.

돈은 사람들이 살아가는 동안에 이런저런 물건을 사고팔면서 주고받는 교환 도구이다. 물론 요즘에는 물건을 사고팔면서 돈 대신에 카드나 휴대폰을 이용하여 결재하면서 돈을 헤아리는 거추장스러움이 많이 줄어들기는 했지만, 그래도 물건을 거래하는 동안에 돈을 주고받는 일이 전혀 없어지지는 않았다. 더욱이 집안의 경조사를 맞아 인사를 해야 할 때에는 지폐를 봉투에 넣어 주고받을 수밖에 없다. 특별한 일이 있어 얼굴을 마주할 수가 없을 때에는 은행을 이용한 계좌 이체 방법을 이용하기는 하지만, 아직까지 경조사에서는 지폐를 넣은 봉투를 쓰기 마련이다.

물건을 사고팔면서 사람들끼리 주고받는 지폐는 시간이 지나면 지날수록 새 지폐가 헌 지폐로 바뀌기 마련인데, 지폐는 단계를 거칠 때마다 조금씩 구겨지고 찢기는 것은 물론이고 여러 가지 오염 물질까지 묻으면서 더러워지는 경우도 많이 있다. 그렇다고 하더라도 사람들은 헌 지폐를 물에 빨아 말리고 다림질하여 새 것처럼 사용하지는 않는다. 그런데 최근에 이르러 이와 같은 일이 실제로 일어나고 있다. 한국은행에서 교환해준 훼손된 지폐의 발생 원인을 살펴보니, 경조사로 들어온 지폐를 세탁기에 넣고 돌렸거나 또는 전자레인지에 넣어 작동시켰다가 훼손된 경우가 있었다는 것이다. 이처럼 지폐가 훼손되도록 험하게 다룬 이유는 도대체 무엇일까?

우리가 아는 바로는 더러워진 옷을 깨끗이 빠는 것이 세탁이고, 이때에 이용하는 기계가 바로 세탁기이다. 물론 더러워진 옷을 깨끗이 빨 때에 비누나 세제를 함께 세탁기에 넣고 빠는데, 세탁 과정에서 더러운 때가 빠지는 것은 물론이고 눈에 보이지 않는 미생물까지도 함께 제거되는 효과를 볼 수 있다. 한편 전자레인지의 원리는 물 분자를 구성하는 원자의 바깥에 존재하는 전자를 들뜬 상태로 만들어 열을 발생시키는 것이다. 이처럼 음식에 들어있는 물 분자를 뜨겁게 데움으로써 음식을 뜨겁게 데우거나 익히는 것은 물론이고 음식 속에 들어있는 미생물까지도 제거하는 살균 효과를 얻을 수가 있다.

　요즈음 우리는 이전까지 전혀 겪어보지 못한 새로운 코로나19라는 질병에 마주하고 있다. 이 새로운 질병은 우리가 이제까지 경험하지 못한 것이기에 백신은 물론이고 적당한 치료제까지 찾지 못한 어려운 상황에 이르도록 만들었다. 따라서 사람들이 기댈 수 있는 가능한 방법이라면 사람들과의 접촉을 피하고, 나들이할 때에는 마스크를 쓰며, 외출 후에는 손씻기를 철저히 하는 등의 기본적인 위생을 지키는 수밖에 없다. 물론 미생물과의 접촉을 피하기 위해 효과적인 살균 방법을 이용하는 노력을 게을리 할 수가 없다. 이런 생각에서 여러 사람들의 손을 거치는 동안에 혹시라도 감염되었을지도 모르는 코로나19에 대한 불안함을 떨쳐버리고자 더러워진 지폐를 깨끗이 하려고 지폐를 세탁기에 넣어 빨거나 전자레인지를 작동시켜 살균시키고자 했을 것이다. 그런데 그 결과는 아쉽게도 처음 의도한 것과는 달리 지폐가 훼손되어 버린 것이다. 물론 세탁기에 들어간 지폐는 떡처럼 뭉쳐버렸고, 전자레인지 속에서는 위폐를 방지하고자 지폐 안에 넣어준 금속선 때문에 불이 붙어버렸던 것이다. 어쨌거나 우리가 이제까지 전혀 겪어보지 못한 새로운 질병에 효과적으로 대처하고자 기울인 이런저런 노력이었지만, 그만 잘못 선택한 결과 때문에 생각지도 못한 피해로 이어진 것이라고 생각해볼 수가 있다.

우리가 알고 있는 미생물에 대한 지식은 전혀 모르는 정도라고 할 수는 없다. 누구나 미생물에 대해서 어느 만큼의 기본지식은 갖추고 있다. 다만 우리가 미생물에 대해 잘 모른다고 느끼는 것은 미생물을 단순히 크기가 작고 눈에 보이지 않는 것이라 관심을 기울이지 않고 생각조차 하지 않으려는 데 그 원인이 있을 것이다. 미생물 역시 하나의 생명체로 보아준다면 얼마든지 미생물이 어디에서 그리고 얼마나 많이 살고 있는지 등에 대한 생각을 할 수 있을 것이다.

우리가 어느 곳에 살든지 먼지를 피해서는 살 수 없다. 낮 동안만이라도 창문을 열어두었다면 다음날 방과 마루를 쓸고 닦으면서 먼지가 많다는 것을 느낄 수 있다. 며칠 동안 모든 문을 꼭꼭 닫아두고 여행을 떠났다가 돌아와 둘러보더라도 온 집안에 먼지는 수북이 쌓여있다. 더욱이 잘 청소하지 않았던 선반을 어느 날 손으로 훔쳐보면 먼지가 수북하다.

집 먼지

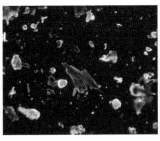

집 먼지(현미경 사진)

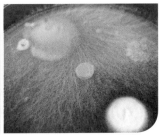

미생물의 증식

먼지는 우리 눈에 쉽게 띄지 않는 것이 마치 미생물과 닮은 것처럼 생각된다. 그런데 조금만 이치적으로 생각해 본다면 먼지와 미생물을 금방 구별할 수 있다.

먼지는 그야말로 무생물의 집합체이다. 물론 먼지 속에는 먼지보다도 크기가 작은 미생물들이 들어있을 수 있다. 그렇더라도 미생물들이 모여 먼지를 이루는 것은 아니다. 먼지는 흙가루는 물론 아주 작은 물질들의 찌꺼기 또는 생물체에서 떨어져 나간 세포의 잔해를 비롯한 이러저러한 작은 물질들이 모인 것이기에 스스로 불어나지 않고 적당한 구석에 쌓이기 마련이다. 이와 달리 미생물은 살아있는 생명체이다. 비록 포자의 모습으로 먼지 속에 일부가 들어있다 하더라도 적당한 환경을 만나지 못하면 증식하지 않은 채 먼지 속에 파묻혀 있다가도 주위환경이 생육과 증식에 적당하다고 느끼면 금방 자신과 닮은 개체를 한없이 만들어 낸다. 이른바 증식이라는 단계로 나아간다. 이것이 바로 생명체가 가지는 특성이다.

우리 생활주변에 많은 미생물이 있다고는 하지만, 이들이 증식하지 않는다면 마치 먼지의 일부에 불과하다고 생각할 수 있다. 그런데 생장에 적당한 환경 즉 영양분, 온도 그리고 수소이온농도(pH, 물의 특성과 같다고 볼 수 있다.)가 알맞은 곳에서는 미생물들이 제 세상을 만난 것처럼 얼마든지 증식하여 생명체로서의 특성을 발휘한다. 그러기에 햇볕이 내리쬐어 바짝 마른 상태이거나 음식물찌꺼기가 전혀 없이 깨끗한 장소 그리고 온도가 낮은 겨울철에는 미생물의 번식이 눈에 띄지 않는다. 그런데 습기가 많아 축축한 방이나 더운 여름철에 내버린 음식물 쓰레기 또는 먹다가 남긴 반찬에서는 영양분과 온도 및 습도라는 조건이 맞아 미생물들이 번성한다. 한편 우리 몸도 미생물이 살아가기에는 충분한 조건이 갖추어진 곳이기에 얼마든지 몸안에 들어와 살려고 항상 벼르고 있다.

미생물의 생활은 분명히 단순하다. 사람이 사는 것처럼 거짓말이나 술수에 능하지도 않다. 그저 환경적 조건이 알맞은 곳에서 먹이가 있는 만큼 번식하고, 춥거나 먹이가 떨어지면 죽음을 달게 받아들인다. 이렇게 단순한 생활이기에 미생물들이 어디에 얼마나 많이 살고 있느냐를 알아보려면 얼마든지 쉽게 알아볼 수 있다. 다만 사람들이 관심을 갖고 지켜보고 생각해 본다면 말이다. 사람과 미생물과의 싸움은 서로가 살기 좋은 환경을 누가 먼저 확보하느냐 하는 문제이다. 단순한 미생물의 생활조건을 충분히 이해한다면 사람이 얼마든지 이길 수 있지만, 보이지 않는 작은 크기라고 무시하거나 생각조차 하지 않고 내버려둔다면 사람들이 느끼지 못하는 사이에 미생물은 대단한 능력을 발휘하면서 사람들에게 해를 끼칠 수도 있다. 보이지 않는 미생물의 존재를 인식하고 하나의 당당한 생명체로 대한다면 사람과 미생물의 관계는 얼마든지 서로를 존중하며 협력관계를 유지할 수 있을 것이다.

미생물도 좋은 조건에서
살고 싶어 한다

오랫동안 우리 기억에 생생하게 남아 있는 2002년 한일월드컵대회에서 우리나라의 축구를 세계 4강으로 끌어올린 거스 히딩크 축구대표팀 감독은 오랫동안 우리 국민들에게 그야말로 영웅으로 기억되고 있다. 히딩크 감독 덕분에 그의 나라 네덜란드에 대한 우리 국민의 관심도 예전과 달리 부쩍 높아졌다. 언제부터 우리나라가 네덜란드와 교류를 시작하였는지 역사적인 관계를 살펴보면서, 맨 처음 우리나라를 찾아온 네덜란드 사람인 하멜에 대해서도 이전과 다르게 높은 관심이 쏠리고 있다. 그뿐만 아니라 우리는 이제부터 세계로 나아가는 진취적인 기상을 높여야 한다는 생각으로 바다를 통한 교역의 역사에 대해서도 새로운 사실을 찾아보려는 노력을 기울이고 있다.

네덜란드라는 말의 뜻은 '낮은 땅'이라고 풀이할 수 있다. 바닷물을 둑으로 막아 땅을 넓혀온 네덜란드의 역사를 이해하면 선뜻 이해할 수 있다. 그만큼 네덜란드라는 단어를 듣는 순간에 '저지대'라는 의미를 연상하게 된다. 그래서인지 네덜란드 사람들은 '네덜란드Netherlands'라는 말보다는 '홀랜드Holland'라고 불리기를 더 좋아한다. '홀랜드'라는 말은 원래부터 네덜란드 사람들이 국가의 중심을 이루며 살던 지명이기 때문이다. '홀랜드'라는 말 속에서 그 사람들이 오래 전부터 함께 지내오며 하나로 묶인 역사와 문화 그리고 사회적인 모든 부분이 조금이라도 더 우러나오는 모양이다. 그런데 원래부터 중심이 아닌 다른 지역에 살던 사람들이 이와 반대로 '홀랜드'라는 말을 꺼려하는 것은 어쩌면 지역적인 편차가 조금 더 느껴진다고 생각해서인지도 모른다. 어쨌거나 우리가 보기에도 네덜란드를 일컫는 여러 가지 별명 가운데에 '간척의 나라'라는 표현보다도 '풍차의 나라'나 '꽃의 나라'라는 표현이 보다 아름답게 느껴지는 것은 틀림이 없다.

우리가 조금만 자세히 살펴보면 네덜란드와 우리나라 사이에는 서로 닮은 점이 몇 가지 있다. 그 가운데 하나는 두 나라 모두 인구밀도가 높다는 점이다. 네덜란드의 인구밀도는 유럽국가 중에서 1위로 2020년 자료를 기준으로 보면 평방킬로미터 당 402명이 살고 있다. 유럽에서 두 번째로 많이 모여 사는 벨기에보다도 47명이나 많은 숫자이다. 우리나라의 인구밀도 또한 2020년 자료에 따르면 509명으로 네덜란드보다도 상당히 높은 편이다. 그렇지만 좀 더 자세히 살펴보면 우리나라의 인구밀도는 네덜란드보다도 훨씬 앞선다고 할 수 있다. 왜냐하면 네덜란드는 산이 없는 나라이지만 우리나라는 국토의 80% 정도가 산으로 되어 있다. 그래서 사람이 살 만한 가용면적당 인구밀도를 따져보면 우리나라의 수치가 네덜란드의 수치를 훌쩍 뛰어 넘기 때문이다. 어쨌거나 우리나라의 인구밀도는 OECD 국가 중에서 1위이고, 전 세계에서도 도시국가나 자치령 지역을 제외한 나라끼리 따져보아도 방글라데시와 대만에 이어 3위에 위치하고 있다.

경제적인 여유를 누리고 사는 네덜란드 사람들은 해마다 여름철이면 너나 할 것 없이 휴가를 즐기러 떠난다. 유럽대륙은 우리나라의 경우와 달리 국경이 서로 붙어있기에 마음만 먹으면 언제든지 자동차로 여행할 수 있다. 더구나 요즈음에는 유럽연합(EU)으로 합쳐져 있기에 유럽 안에서 사람들의 나들이가 더욱 자유로워졌다. 가만히 살펴보면 네덜란드 사람들이 휴가철에 주로 찾아가는 곳은 산이 많은 곳이다. 항상 평평한 곳에서 살다보니 굴곡이 있는 산을 찾는 것이 그리 놀랄 일은 아니다. 상하(常夏)의 나라인 싱가포르 사람들도 역시 여건이 허락한다면 언제든지 사계절이 있는 곳에서 살면서 겨울에는 눈도 보고 싶어 하는 이유를 조금은 이해할 만도 하다.

인구밀도가 높다는 것이 그리 자랑스러운 일이라 할 것까지는 없다고 하더라도, 한 나라의 전체 인구는 경제적으로나 사회적으로 매우 중요한 지표임에는 틀림이 없다. 특히 아시아에는 전세계 인구의 절반이 살고 있으며, 중국과 인도의 인구는 세계 인구의 구성에서 중요한 위치를 차지하고 있다. 세계 인구의 네다섯 명 가운데 한 사람은 중국 사람이라고 할 때, 지구에 살고 있는 가족 중의 한 사람이 중국 사람이라는 뜻으로 해석할 수도 있다. 이렇게 많은 인구를 가진 중국에서 굶어죽는 사람이 없다는 것만으로도 세계 속에서 중국경제의 위상을 짐작하게 만드는 것이다. 물론 우리나라도 많은 인구가 좁은 땅에서 복작거리며 살고 있지만 누가 보더라도 지금은 넉넉한 생활을 하고 있다는 것을 누구나 인정하고 있다. 어쩌면 그것이 우리나라의 국력이라고 표현할 수 있으며, 우리 국민 모두가 자랑스럽다고 생각할 수 있어야 한다.

사람이 산다는 것은 단순히 목숨을 연명해 가는 것만이 아니다. 우리 인간의 삶이란 생활에 필요한 의식주의 모든 활동에서 넉넉함이 우러나오도록 하는 것이라고 말할 수 있다. 따라서 넉넉한 삶을 갖추기 위해서는 사람의 노력이 물론 필요한 것이지만, 살아가는 곳의 환경 또한 매우 중요한 요소임에 틀림없다. 우리나라는 예로부터 '삼천리 금수강산'이라 불렸다. 뚜렷한 사계절이 있어서 철따라 바뀌는 자연경관이 빼어나게 아름답고, 계절에 맞추어 우리 생활도 여러 가지로 변화를 더하면서 즐겁게 살기 때문에 붙여진 이름이다. 요즈음 아이들은 한자를 많이 배우지 않아서인지 금수강산(錦繡江山)을 쇠 금(金) 자와 물 수(水) 자로 잘못 쓰는 경우도 많다. 어쩌면 더운 여름 날씨에 돈을 주고 물을 사마시는 시대로 바뀌었기 때문에 그러한 생각이 떠오르게 된 것인지도 모르겠다.

농경사회로부터 시작된 우리나라 사람들은 오래 전부터 사람들이 잘 살기 위해서는 산 좋고 물 맑고 너른 들녘에 농사가 잘 되어야한다고 말한다. 농사가 잘 되어 먹을 것이 넉넉해지면 인심이 나고, 그에 따라 사람들의 생활도 화기애애해진다고 말한다. 그러한 조건을 갖춘 지역에서는 많은 사람들이 모여들어 북적거리고, 풍요로운 경제를 바탕으로 넉넉하고 여유 있는 생활을 즐길 수 있다. 다시 말하자면 삶에 필요한 의식주의 조건이 골고루 갖추어진 곳이 살아가기에 좋고 사람들은 그러한 곳을 찾아가 살려고 하기 마련이다.

우리가 보다 잘 살기 위한 삶의 욕망을 가질 때 다른 생물들은 어떠할까? 그들 역시 삶에 대한 욕망은 우리와 크게 다르지 않을 것이라고 생각한다. 하늘을 자유롭게 날아다니는 새는 물론 이리저리 원하는 곳으로 뛰어갈 수 있는 여러 종류의 동물들 그리고 물속에서도 원하는 곳으로 헤엄쳐 갈 수 있는 물고기는 마음대로 자리를 이동할 수 있다는 큰 장점을 가지고 있다. 이런 동물들은 움직일 수 있는 장점을 이용해 목적한 바를 이루어내어 비교적 편하게 살 수 있을 것이라는 생각이 든다.

이와 비교해서 움직일 수 없는 식물의 경우에는 어떠할까? 한곳에 자리 잡으면 평생을 그곳에서 뿌리박고 살만큼 살다가는 자손을 퍼뜨리고 죽어버리는 식물은 그야말로 앉은뱅이 신세가 아닐까 생각해본다. 그렇지만 식물의 입장에서 동물의 모습을 본다면 식물들이 오히려 보다 큰 즐거움을 누리고 있는 것이라고 생각할지도 모를 일이다. 동물이 움직이는 가장 큰 이유는 먹이를 찾으려는 것이다. 아니 어쩌면 먹이를 찾아 헤매는 것이라고도 할 수 있다. 그에 비해서 식물은 햇빛과 물만으로도 살아가는 데 필요한 에너지를 스스로 만들 수 있으므로 구차하게 동물처럼 이리저리 헤매지 않고 여유를 즐기면서 살 수 있기 때문이다.

동물이나 식물과 달리 눈에 보이지 않는 미생물의 생활은 어쩌면 이들의 생활과는 상당히 다르다고 생각할 수 있다. 아니 어쩌면 다르다고 생각하는 것조차도 사실은 사람들의 생각에 불과한 것인지 모른다. 미생물은 사람들의 눈에 띄지 않기 때문에 그들의 진정한 삶의 모습을 제대로 이해하지 못하고 하는 생각일 수 있기 때문이다. 가장 기본적인 삶의 공통된 모습이라면 사람을 비롯하여 동물이나 식물 그리고 미생물까지도 삶에 필요한 조건을 확보하고자 노력한다는 점이다. 사람이 살아가는 데에는 최소한으로 필요한 의식주의 조건을 갖추어야 하는 것처럼, 다른 생물들도 역시 의식주라는 필요한 조건을 나름대로 갖추기 원하는 것은 너무나도 당연한 생각이다.

눈에 보이지 않는 미생물도 다른 생물들과 마찬가지로 삶의 조건을 찾으려 노력한다. 다만 한 가지 미생물이 다른 생물들과 다른 점이라면 삶의 조건이 좋고 나쁜 상황에 너무나도 빨리 그리고 민감하게 작용한다는 점이다. 다시 말해서 살아가기에 적당하다고 판단이 되면 곧바로 자신의 장점을 십분 발휘하여 급속히 숫자를 늘려가며 증식한다. 동물이나 식물 또는 사람의 경우에 한 세대가 이어지려면 아무리 짧아도 일 년 이상 길면 수십 년 또는 몇 백 년 이상이 걸리기도 한다. 그런데 우리 몸에 사는 대장균 같은 경우에는 영양배지라는 좋은 조건에서는 불과 20분 만에 한 세대를 지나갈 수 있다.

먹을 양분이 충분하고 온도가 적당한 상태에서는 박테리아나 곰팡이 같은 미생물은 그야말로 제 세상을 만난 것처럼 자손을 불려나간다. 이를테면 더운 여름철에 여러 종류의 미생물들이 제철을 만났다고 증식하면서 곳곳에서 음식물쓰레기를 썩히고, 병원 미생물이 빠르게 증식하여 병균을 퍼뜨리는 것도 자신들이 살기에 적당한 조건을 찾았기 때문에 마음 놓고 살고 있는 모습이다. 사람들에게 악취는 물론 아픔까지도 가져다주는 것이 되겠지만 미생물들은 조금도 사람들의 눈치를 보지 않고 오로지 자신들의 생활에 충실할 뿐이다. 어쩌면 우리가 겪는 고통에 대해서 미생물을 탓할 것이 아니라, 오히려 우리가 쓰레기를 잘못 버렸거나 필요 없다는 생각에 제멋대로 처리한 것에 대해 부끄러워해야 할 일이다.

비가 많이 내리는 장마철이나 무더운 여름철에 우리 생활주변에서 미생물이 순식간에 증식하는 모습을 보면서, 우리들도 역시 피서철에 유원지며 해수욕장을 찾아 복작대면서 날밤을 새우는 사람들과 비슷하다는 생각이 든다. 그리고 미생물들이 알맞은 삶의 조건을 만나 급속히 증식하는 것처럼, 가용면적당 인구밀도가 세계에서 가장 높은 우리나라도 사람들이 살아가기에는 분명히 좋은 조건을 갖추고 있는 곳이 아닐까 잠시 생각해 본다.

장마철과 한여름에 기세등등하게 한없이 증식할 것만 같던 미생물들도 온도가 떨어지거나 영양분이 고갈되면 언제 그랬냐는 듯이 잦아드는 것도 여름이 물러간 뒤에 사람들이 썰물처럼 피서지에서 빠져나간 모습

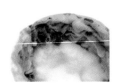

꞉ 박테리아나 곰팡이 같은 미생물의 모습

과 너무나도 닮았다. 미생물이 기본적인 조건에 맞추어 증식하는 것과 비교해서 사람들은 단순한 의식주의 조건만으로 살아가는 것이 아니다. 사람들의 삶은 기본조건을 바탕으로 하고 그 외에도 문화와 예술 그리고 철학을 덧붙여 새로운 삶의 문화로 승화시키려는 노력이 들어있다는 점에서 미생물의 생활과는 조금 다르다고 할 수 있다.

모든 생물들이 보다 더 잘 살기 위한 조건을 찾아보려고 노력하듯이 우리가 복작대며 살고 있는 생활환경 속에도 우리가 깨닫지 못한 장점이 어느 곳인가에 들어있을 것이다. 그것이 비록 새로운 삶을 즐기려는 노력이든, 아니면 새로운 삶의 문화로 정착해 가는 과정이든, 어쨌든 우리의 삶 속에서 주체하지 못하고 터져나오는 에너지가 나타나고 있다. 미생물의 서식조건과 우리의 인구밀도를 단순히 비교하는 것이 어쩌면 조금은 역설적일지 모르지만 살기 위한 의지와 넘치는 에너지의 분출은 우리 삶에서 큰 활력소가 되어 나타나고 있다. 어쨌든 우리나라는 기후와 환경조건은 분명히 살기 좋은 금수강산임에는 틀림없는 것 같다.

산소가
없어도 살까

날씨가 차가워지는 때에 흔히 볼 수 있는 일이다. 앞장서 달리는 자동차의 배기통muffler에서 하얀 입김처럼 수증기가 뿜어 나오거나 더한 경우에는 물방울은 물론 한 컵 이상의 물을 벌컥 쏟아내거나 주르르 흘리며 달리기도 한다. 사람들은 '아니, 자동차가 무슨 물을 뿜어내나?' 하며 의아하게 생각하게 된다. 그런데 조금만 이치적으로 생각해보면 그리 놀랄 만한 일도 아니다. 자동차는 휘발유를 연소시켜 나온 힘으로 달린다. 연료가 고온에서 충분히 연소될 때에는 이산화탄소와 물이 최종산물로 나온다. 만약에 연료가 불완전연소되면 일산화탄소는 물론 메탄 같은 탄화수소 화합물이나 검댕(지름 1μm 이하의 입자로 탄소화합물이 불완전연소 할 때에 나오는 타르에 유리탄소가 합쳐져 만들어진다.)이 나온다. 그러므로 자동차 꽁무니에서 나오는 수증기나 물은 완전연소가 되고 있다는 증거인 셈이다.

　미생물의 생활에서도 이와 비슷한 현상이 일어나고 있다. 산소가 있는 호기적 조건은 물론 산소가 부족한 혐기적 조건에서도 살 수 있는 미생물이 있다. 우리는 이러한 미생물을 통성 혐기성 미생물facultative anaerobic microbe이라 부른다. 이러한 미생물들이 호기적인 조건에서 살아갈 때에는 최종산물로 이산화탄소와 물을 내놓지만, 혐기적인 조건에서 살 때에는 중간대사 산물인 유기산이나 메탄 같은 물질을 내어놓는다. 우리는 이러한 최종산물을 보면서 호기적 조건에서의 삶은 마치 탄소화합물의 완전연소와 비슷한 결과가 나타나고, 혐기적인 조건에서는 마치 불완전연소 현상이 나타나는 것과 같다고 서로를 연결시켜 생각해 볼 수 있다.

　알코올을 발효시키는 효모균(이스트)Saccharomyces cerevisiae이 바로 이러한 통성 혐기성 미생물 종류에 속한다. 호기적인 조건에서 효모는 주위에 널려있는 영양분을 끝까지 분해하여 스스로 안정된 삶을 살아간다. 그리하여 효모는 자신이 간직한 본래의 성질을 충분히 발휘하면서 자신과 닮은 자손을 많이 퍼뜨리는 데 온 정성을 다한다. 그런데 혐기적인 조건에서는 그리 여유 있는 삶이라고 생각하지 않는 모양이다. 주위에

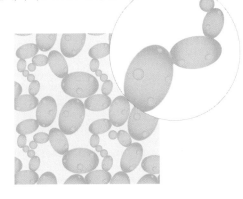

：실이나 사슬처럼 연결된 효모균의 모습

양분이 있더라도 충분한 시간을 두고 끝까지 분해시키는 것이 아니라, 중간대사 산물로 대충대충 마무리하고 마는 것처럼 보인다. 무엇인가 삶의 조건이 부족한 듯이 느껴서인지 전혀 여유를 보이지 않고, 분해도 대충대충 마무리해버리고 서두르는 듯한 모습이다. 그야말로 요즈음 우리들의 삶의 모습이라고 할 수 있는 '빨리 빨리'의 문화와 닮았다고나 할까?

우리는 이러한 효모의 생활방식을 알고 난 후에 효모의 생활방식을 우리에게 유리한 방향으로 이용하는 방법을 찾아내었다. 우리가 오래 전부터 즐겨온 모든 종류의 술은 모두가 효모균에 의한 알코올 발효에 의존하고 있다. 곡물이나 과실을 발효시킨 술은 알코올의 농도가 낮지만, 독주 또는 화주라 불리는 술은 알코올 농도가 낮은 술을 증류시켜 알코올의 농도를 높인 것이다. 옛날에는 아무리 증류 기술이 좋았다 해도 순수한 알코올을 얻기가 힘들었고 또한 순수 알코올은 술로서의 가치가 줄기 때문에 절반 정도의 알코올 농도로 증류하였다. 우리가 잘 아는 안동소주는 전통적인 증류 기술을 이용하여 알코올 농도를 높인 것이다.

요즈음에는 과학의 발전에 힘입어 화학 합성기술이 뛰어나다고 하지만, 사람들이 즐겨 마시는 술은 아직까지도 효모의 발효작용을 이용하고 있다. 게다가 탄소가 두 개인 에탄올의 가격이 탄소가 하나인 메탄올의 가격보다도 우리나라에서 더 싼 이유는 소주를 생산하기 위한 주정(酒精)의 생산방법과 기술이 그만큼 발전해왔기 때문이다. 소주는 탄수화물을 효모로 발효시킨 주정을 희석하여 만드는 것이고 주정은 무수알코올(물을 함유하지 않은 알코올)에 가까운 고농도의 알코올이다. 그래서 우리나라에서 생산하는 소주는 발효주라고 말하지 않고 희석식 소주라고 부르는 이유를 이해할 만하다.

알코올 발효를 하는 효모균은 성장에 필요한 영양분이 충분하지 않을 때에는 실처럼 길게 늘어나는 별난 모습을 볼 수 있다. 물론 자연적인 조건에서는 이러한 일이 좀처럼 일어나지 않는다. 효모는 성장에 필요한 질소 성분이 충분히 공급되면 다른 조건을 생각할 필요도 없이 하나의 싹이 자라나서 떨어져 나가듯이 출아법(出芽法)으로 증식한다. 혹시라도 자연 상태에서 질소성분을 비롯한 영양분이 넉넉하지 않을 때에는 더 이상 증식하지 못하고 사라지는 것이 효모의 정상적인 증식과정이다. 그런데 영양분이 충분하지 않은 인공적인 조건에서 배양하면 딸세포들이 서로 붙은 채로 효모균의 전체 모습이 실이나 사슬처럼 연결되는 것이다. 이렇게 독특한 실 모양을 하며 자라나는 이유는 무엇일까? 분명히 특별한 이유가 있을 터인데, 어쩌면 이러한 모양이 자신이 성장하는 데

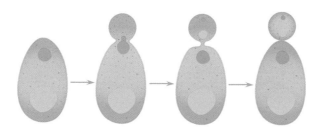

∷ 효모균의 증식

도움이 되기 때문에 효모균이 스스로 찾아낸 행동일 것이다.

연구자들은 이러한 효모균의 행동은 자연 속에서 스스로 영양분을 찾아가려는 전술의 하나라고 생각한다. 독립적인 한 개의 세포는 목적지를 향해 효과적으로 움직이기 어렵지만, 실 모양으로 자라는 효모는 새로운 영양원을 찾아 스스로 뻗어나갈 수 있다는 것이다. 효모균만이 아니라 이와 비슷한 종류인 칸디다Candida 곰팡이는 이렇게 뻗어나는 방법으로 숙주의 몸에 침입하여 여기저기 돌아다닌다. 대부분의 곰팡이는 실 모양의 균사체를 뻗어내 집단을 이루며 증식한다. 우리가 현미경을 통하지 않고도 지하실 벽에 핀 곰팡이나 메주 속의 누룩곰팡이를 맨눈으로 볼 수 있는 것은 이처럼 곰팡이가 균사체를 뻗어내기 때문이다.

사람들은 가끔 옛날 일을 더듬어 생각할 때가 있다. 더욱이 남자나 여자나 모두 나이 들면 젊었을 때의 첫사랑을 생각해보며 그때를 그리워하기도 한다. 그런데 첫사랑을 생각하는 것도 남자와 여자가 조금은 다

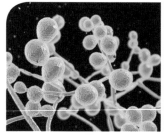
칸디다 곰팡이

지하실 벽의 곰팡이

메주의 누룩 곰팡이

르다고 하는 사람들이 있다. 이를테면 남자가 첫사랑을 생각할 때에는 생활의 여유가 있을 때이지만, 여자의 경우에는 생활이 힘들고 괴로울 때가 많다고 한다. 단세포 생활을 하는 효모균도 처음부터 곰팡이의 한 종류이므로 어쩌면 다른 종류의 곰팡이처럼 실 모양의 균사체를 만들다가 나중에 하나하나 떨어진 단세포 생활을 하게 되었는지도 모른다. 영양분이 충분하지 않은 조건에서도 살아보려는 굳건한 의지를 보이는 효모균이 아주 옛날에 살았을 법한 방법을 생각하며 실처럼 뻗어나는 것이 아닐까 생각해 본다. 그렇다면 이것은 생활이 힘들 때에 첫사랑을 생각한다는 여인처럼 영양분이 부족한 상태에서 이전의 생활방법을 더듬어보는 효모균의 본능적인 행동이 서로 닮은 것이라고 할 수도 있을 것이다.

우리 몸 안은 혐기적이라 할 수 있다. 비록 우리 몸이 산소를 받아들이고 이산화탄소를 내뿜는 호흡활동을 한다 하더라도, 몸이 받아들이는 산소는 핏줄을 타고 흐르는 헤모글로빈에 붙잡혀 필요한 곳으로 전해질 뿐이다. 우리 몸을 이루는 기관이나 조직 더 나아가 세포라는 구성단위는 막으로 둘러싸여 있어 자유롭게 산소와 접촉할 수 없다. 더구나 우리 몸 안의 구부러진 관처럼 생긴 크고 작은 장도 자유롭게 산소가 들고나지 못하는 혐기적인 환경이다. 이렇게 내장 속은 혐기적 환경이라 산소가 충분히 공급되지 않는다.

혐기적 조건에서 살고 있는 여러 종류의 미생물들이 음식물을 분해할 때에는 중간대사 산물인 유기산이나 메탄 등의 가스를 만들어 내놓는다. 이렇게 만들어진 가스나 유기산 등이 몸밖으로 빠져 나오는데, 위로 빠져나오면 트림이 되고 아래로 빠져나오면 방귀가 된다. 트림이나 방귀는 비위에 거슬리는 냄새가 많은데, 이것은 유기산이나 지방산은 물론 메탄가스와 이산화탄소가 뒤섞여있기 때문이다. 몸안에서 일어나는 미생물에 의한 음식물의 분해 작용은 39℃ 정도의 비교적 높은 온도와 용존산소가 없는 혐기적인 상태에서 일어나는 과정으로 효모가 당을 분해하여 알코올을 만드는 과정과도 매우 비슷하다.

방귀나 트림 냄새는 어찌 보면 시궁창 냄새와도 통한다. 시궁창에서 나는 냄새는 우리에게도 생각하게 하는 부분이 많다. 시궁창은 그야말로 산소가 충분히 공급되는 호기적인 조건이 아니다. 분해되어야 할 물질은 엄청나게 많은데 호기적으로 분해할 수 있는 미생물들이 살만한 환경이 마련되어 있지 않다. 그래서 혐기적인 미생물만이 그러한 조건에서 많은 물질을 분해하며 살고 있다. 용존산소가 거의 없는 혐기적 조건에서 물질을 분해하는 미생물들은 중간대사 산물인 유기산이나 메탄 등의 가스를 만들어낸다. 그래서 이러한 유기산이나 메탄이 뒤섞인 가스는 썩는 냄새를 내는 것이다. 혐기적인 환경에서 사는 미생물들이 물질을 분해하는 것은 충분히 여유를 갖고 가장 간단한 형태의 최종 산물을 만드는 것이 아니

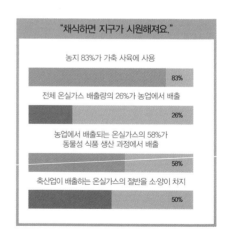

"채식하면 지구가 시원해져요."

농지 83%가 가축 사육에 사용

83%

전체 온실가스 배출량의 26%가 농업에서 배출

26%

농업에서 배출되는 온실가스의 58%가
동물성 식품 생산 과정에서 배출

58%

축산업이 배출하는 온실가스의 절반을 소앙이 차지

50%

기에 '대충 대충' 또는 '빨리 빨리' 분해하려는 듯이 중간대사 산물과 냄새나는 가스를 만들어내는 것이라 생각하면 이해하기에도 좋을 것이다.

동물의 내장 속에 사는 미생물들은 대부분이 공생미생물이다. 특히 풀을 먹고사는 초식동물은 스스로 섬유소(셀룰로오스)를 분해할 수 있는 효소를 갖고 있지 않다. 따라서 식물체의 주성분인 셀룰로오스를 분해하기 위해서는 되새김위 안에서 공생하는 미생물의 힘을 빌려야만 한다. 이들 초식동물의 내장 안은 다른 동물들과 마찬가지로 혐기적인 조건이다. 이렇게 초식동물과 공생하는 미생물이 셀룰로오스를 분해하며 만들어내는 메탄 등의 가스의 양이 생각보다도 훨씬 많은 양이다. 젖소는 하

축산업이 전세계 모든 교통수단이
발생시키는 온실가스 배출량보다 많음

유엔 농업식량기구(FAO) 《축산업의 긴 그림자》

가축들의 **트림, 방귀, 배설물**에서
나오는 **메탄가스**와 **산화질소**는
이산화탄소보다 각각 23배, 300배
더 강력히 **온실 효과에 영향**을 미침

: 공장식 축산과 기후변화

루에 150~200리터의 가스를 만들고 몸집이 더 큰 경우에는 물론 더 많은 양의 가스를 만들어낸다.

연구자들은 이들 공생미생물들이 뿜어내는 가스가 바로 지구온난화에 영향을 끼친다고 이야기하기도 한다. 지구온난화를 일으키는 가스의 14~18%는 메탄에 의한 것이며, 이 가운데 절반가량은 반추동물(소화 형태상 되새김질을 하는 동물)이 배출한다는 주장도 있다. 오스트레일리아 대륙에는 육식동물이 살지 않는다. 대표적인 초식동물로 꼽히는 캥거루를 비롯하여 수많은 소와 양떼가 두려움 없이 살고 있다. 이들 초식동물과 공생하는 미생물들이 뿜어내는 엄청난 양의 가스가 지구온난화에 큰 영향을 미친다고 학자들이 지적하고 있다.

초식동물과 공생을 하건 안 하건 미생물의 종류는 우리가 생각하는 것보다도 훨씬 많다. 비록 반추동물의 몸안에서 공생하는 미생물들이 많은 양의 메탄을 만들어낸다 하더라도 이것이 큰 문제를 일으키지 않는 것은 메탄을 다시 비휘발성 물질로 바꾸는 미생물도 들어있기 때문이다. 이론적으로 생성되어야 하는 방귀의 양보다도 실제로 만들어지는 양이 훨씬 적은 것은 또 다른 미생물의 억제작용이 있기 때문이다. 어쨌거나 지구 전체 생물량의 절반을 차지하는 식물은 에너지 생산자이면서 동시에 에너지 소비자인 동물의 먹이로 이용되고 있다. 그러니 이들로부터 나오는 가스의 양이 결코 적은 양이 될 수가 없다는 사실을 생각하면 대단히 놀라운 일이 아니겠는가.

인천광역시에는 환경연구단지가 마련되어 있다. 처음에는 넓은 연구단지 안에 국립환경연구원이 홀로 자리하고 있었다. 황량하게 넓어 보이

는 단지 안에 연구시설이 들어선 지가 아주 오래 되지 않아서인지 연구
원 건물은 조금 삭막한 듯한 느낌마저도 들었다. 지금은 처음 세워질 때
보다는 훨씬 많은 나무를 심어 가꾸었기에 시간이 지날수록 그런 느낌
은 조금씩 줄어들고 있다. 그런데 이곳 연구원에는 후텁지근한 날씨면
어김없이 야릇한 냄새가 난다. 처음 이 냄새를 경험하는 사람은 '폐수나
하수처리 실험과정에서 흘러나오는 냄새가 아닌가?'라고 생각하거나, 아
니면 '근처에 대규모의 종말처리장이 있는가보다.'라고 생각하기 십상이
다. 그러나 분명한 사실은 이곳에는 하수종말처리장이 붙어있지도 않고
폐수처리 연구시설 또한 완벽한 기술을 자랑하고 있다.

그렇다면 냄새의 원인은 과연 무엇일까? 이곳은 이전에 쓰레기 매립
장이었다. 서울과 수도권에서 나오는 쓰레기를 갯벌에 매립하고 흙을 덮
어 정비하여 아파트나 산업단지로 활용할 계획인데, 선뜻 이곳으로 들어
오려고 희망하는 사람들이 없었다. 그런 이유에서 우선 대표적으로 환경
연구 단지를 조성하고 환경연구원이 서울에서 이전해온 것이다. 상당히
오랜 기간이 지났는데도 땅 속에 묻힌 쓰레기가 썩어가면서 가스가 솔
솔 새어나오는 것이다. 땅 속에 묻힌 쓰레기가 부패되는 것은 누가 뭐래도
혐기적인 조건이기에 혐기성 미생물이 쓰레기를 분해하면서 유기산이
나 지방산 그리고 메탄 등의 물질을 만들어 냄새가 나는 것이다. 이처럼
혐기성 미생물이 어디에서 어떻게 활동하고 있는지 이해할 수 있다면
의외로 우리 생활 주위에서도 냄새나는 원인을 찾아 조금은 쉽게 제거
할 수도 있을 것이다. 엄청나게 많은 종류의 미생물들이 호기적인 조건
과 혐기적인 조건에서 어떠한 차이를 나타내는지 이해하고 부패와 발효

과정을 제대로 살펴봄으로써 우리 생활을 보다 윤택하게 이끌어갈 수 있을 것이다.

인분(人糞)을 거름으로 쓰던 시절이 있었다. 굳이 똥거름이라 말하지 않더라도 곳곳에서 이런 거름을 쓰기 때문에 언제나 냄새와 함께 살고 있었다. 어린아이들이 코를 막는 판에, 외국인들도 참지 못하고 무슨 냄새냐고 질문을 하면 짐짓 모른 채 '코리안 향수'라고 둘러대던 기억이 있다. 지금도 들판에 나가면 가끔 거름냄새를 맡기도 한다. 잘 발효된 거름은 구수한 냄새가 나지만 완전히 발효되지 않은 거름의 냄새는 역한 기운이 뿜어 나온다. 한여름에 돼지나 닭을 키우는 양돈 및 양계 단지가 자리한 마을 근처를 자동차를 타고 지나갈 때에는 창문을 열지 못할 만큼 독한 냄새가 풍기기도 한다. 그 속에서 사는 사람들의 생활은 어떨까 생각해 본다. 물론 안개가 자욱히 깔리는 계절에는 공업단지에서 매캐한 냄새가 몰려오는 경우가 있다. 제품을 생산하는 공장에서 뿜어 나오는 가스 때문인데, 충분한 처리과정을 거치지 않고 나오기 때문에 대기오염을 일으키는 원인이 된다.

숲 속을 거닐다보면 낙엽이 잘 썩은 부엽토를 본다. 이러한 부엽토의 냄새는 고약한 냄새가 거의 없다. 오히려 옛날 생각이 나게 하는 구수한 냄새가 우러나오기도 한다. 이러한 부엽토는 그야말로 자연 상태에서 잘 발효한 것으로 시골집에서 잘 발효시켜 만든 거름냄새와도 통한다. 충분히 숙성시킨 그래서 완전히 발효된 거름은 고약한 냄새가 아니라 구수한 냄새가 나는 것이 오랫동안 우리가 농사를 지으면서 맡아왔던 고향의 냄새라고 생각하게 만든다. 한참 썩어가는 혐기적 조건에서는 고약한 냄새가 나더라도 완전히 발효되어 숙성된 거름은 호기적 조건으로 바뀌면서 거름 냄새도 구수한 냄새로 바뀌는 것이다. 이처럼 우리 생활 속에서 호기적 조건과 혐기적 조건의 차이를 생각해보면 의외로 새로운 사실을 깨우치며 또 다른 생활을 볼 수 있다.

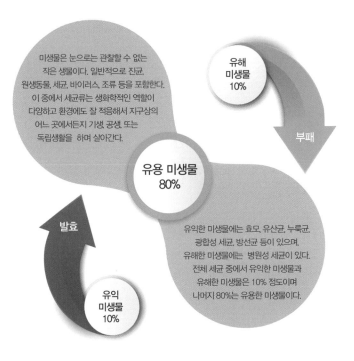

미생물은 눈으로는 관찰할 수 없는 작은 생물이다. 일반적으로 진균, 원생동물, 세균, 바이러스, 조류 등을 포함한다. 이 중에서 세균류는 생화학적인 역할이 다양하고 환경에도 잘 적응해서 지구상의 어느 곳에서든지 기생, 공생, 또는 독립생활을 하며 살아간다.

유해 미생물 10%

부패

유용 미생물 80%

유익한 미생물에는 효모, 유산균, 누룩균, 광합성 세균, 방선균 등이 있으며, 유해한 미생물에는 병원성 세균이 있다. 전체 세균 중에서 유익한 미생물과 유해한 미생물은 10% 정도이며 나머지 80%는 유용한 미생물이다.

발효

유익 미생물 10%

: 부패와 발효의 차이

미생물은
왜 병을 일으키나

　사람들은 자신이 살고 있는 환경조건에 알맞게 맞추어 삶의 모습을 변화시킬 수 있다. 사람만이 아니라 동물과 식물 등의 다른 생물들도 가장 알맞은 삶의 조건을 찾으려고 노력한다. 그렇다면 도대체 눈에 보이지 않는 미생물들은 어떠한 방법으로 자신에게 알맞은 삶의 조건을 찾아가고 또한 이용하는 것일까? 우선 미생물들은 크기가 매우 작으므로 어느 곳에서 얼마나 많이 살고 있는지 그들의 수와 삶의 모습을 정확히 알 수가 없다. 그러나 우리가 알고 있는 과학적인 지식을 이용해 조사해 보면 미생물들이 살기에 적당한 영양분과 온도 그리고 수소이온농도㎐ 등의 조건이 갖추어진 곳에서는 이루 헤아릴 수 없을 정도로 많은 미생물들이 살고 있다는 것을 확인할 수 있다.

　더구나 미생물들의 세대기간은 매우 짧기 때문에 적당한 환경조건에서는 순식간에 증식하면서도, 환경이 나빠지면 포자를 만들어 뒤집어쓰고 어려운 시절을 참고 견뎌내는 능력을 갖추고 있다. 이렇게 미생물들이 높은 증식력을 갖추고 있다는 점은 미생물들에게는 자신의 삶을 발전시킬 수 있는 가장 큰 장점이 된다. 미생물들이 알맞은 환경조건을 만나 짧은 시간 안에 많은 개체를 늘리면서 순식간에 증식할 수 있다는 것은 환경의 변화에 적응하기 위한 효과적인 방법이기 때문이다. 생육기간이 짧으면 짧을수록 생명체는 환경의 변화에 맞추어 스스로를 변화시킬 수 있는 적극적인 대처방법을 마련할 수 있다. 식물이 많은 씨앗을 퍼뜨려 변화에 대응하려는 것처럼 미생물들이 스스로 숫자를 불리면서 변화에 맞서는 방법은 근본적으로 그 의미가 서로 같다.

　미생물 가운데 우리에게 가장 널리 알려진 대장균의 경우를 보면, 짧은 증식기간이 어떻게 환경변화에 적응하는지를 잘 보여준다. 대장균은 살기에 적당한 조건이 갖추어졌을 때에는 약 20분 만에 분열하여 증식할 수 있다. 충분한 증식조건이 갖추어진 영양배양액 속에서 하루 24시간 동안 증식을 계속한다면 대장균은 72세대를 거칠 수 있다. 만약 사람들이 이만큼의 세대 동안 대를 이어 산다면 약 1,500년 정도의 시간이 필요하다. 인간 세계에서 1,500년이라는 세월을 박테리아

＊ 대장균

는 실험실 안에서 그야말로 하룻밤에 그들만의 역사를 이루어내는 것과도 같다. 짧은 시간 동안 한 세대를 살 수 있다는 것은 증식하는 데 얼마나 효과적인 조건인가를 새삼 느끼게 해준다.

다른 한편에서 살펴보면 미생물들이 살아가는데 모든 조건들이 항상 적합하여 언제든지 마음먹은 대로 증식할 수 있는 것은 물론 아니다. 오히려 미생물들은 환경조건의 변화에 따라 크게 영향을 받는다는 약점도 함께 가지고 있다. 알맞은 환경조건이라면 미생물의 생장이 빠르게 진행되다가도 영양분이 부족하거나 온도 및 수소이온농도㏗ 의 변화가 일어나면 순식간에 생장을 못하고 죽어버린다. 그렇지만 이러한 환경의 변화가 서서히 일어나면 변화된 조건에서 살아남는 개체들이 나타나고, 이들이 다시 새롭게 증식하면서 변화를 이겨낸다. 우리는 미생물들이 알맞은 환경에서만 증식하고 변화된 나쁜 환경에서는 잘 살지 못한다는 사실을 알고 있기에, 실험실 안에서 특정한 미생물을 증식시키기도 하고 더 나아가 해로운 병원미생물들을 살균하여 없애기도 한다.

미생물들이 이렇게 효과적인 증식능력을 갖추고 있는 이유는 무엇 때문일까? 그것은 누가 뭐래도 후손을 남기기 위해 성공적인 생존방법을 찾아 나섰기 때문이라고 본다. 모든 생물들이 바라는 궁극적인 삶의 목표는 자신의 후손을 이 땅에 남겨 번성시키려는 것이라 해도 지나친 말이 아니다. 비록 자신은 이 땅에 태어나 온 힘을 다해 살면서 사명을 다하고 사라지지만, 자신을 빼어 닮은 후손이 다시 태어나 자신의 자리를 대신해 또 한 번의 사명을 완수하도록 하는 것이 생명체의 속성이라고 할 수 있다. 그리하여 자손의 번성을 위해 이 땅에서의 사명을 다하는 것을 숙명으로 여기는 생명체들이다. 따라서 미생물들도 이러한 숙명을 완수하고자 나름대로의 방법을 찾아낸 것이 바로 재빠른 증식능력이라고 말할 수 있다.

미생물의 종류는 헤아릴 수 없을 정도로 많다. 너무나도 종류가 많아서 있는지 없는지조차 구별하기 어려울 정도이다. 그렇게 많은 미생물들이 살아가는 방법도 모두 제각각이다. 그래도 전체적으로 따지고 본다면 이들은 서로서로가 모두 도와가며 살고 있다는 사실을 깨닫게 된다. 더욱이 미생물들은 크기가 작으므로 제한된 곳에서도 얼마든지 충분한 종류와 숫자가 살 수 있다. 그러므로 미생물이 사는 곳이라면 어디든지 그 안에서도 환경의 변화가 있기 마련이고, 그에 따라 환경의 변화를 이겨내고 살아가는 미생물의 종류도 환경에 따라서 얼마든지 변화한다.

환경의 변화에 영향을 받아 살아남지 못하고 사라지는 종류도 있기 마련이지만, 변화된 환경조건을 극복하고 살아남은 종류는 새로운 환경에 적응하여 또 다시 높은 수준으로 증식하며 살아간다. 그렇게 해서 새로운 종류의 미생물이 이전에 살았던 미생물들의 자리를 차지하고 당당히 새로운 주인으로 등장한다. 이렇게 어떤 자연환경에서 어느 특정한 미생물의 종류가 우세한 생장을 보이며 큰 집단을 이루게 되면 그것을 우리는 우점종dominant species이라 부른다. 물론 환경의 변화에 따라 우점종의 종류가 바뀌는 것은 당연한 일이고, 좁은 공간에서 일어나는 미생물의 변화도 역시 천이(遷移)succession의 한 형태로 생각할 수 있다.

수많은 미생물 가운데 우리 몸에 들어와 살면서 병을 일으키는 종류는 극히 제한적이다. 학자들은 우리에게 병을 일으키는 미생물 종류는 전체 미생물 가운데 1%도 채 되지 않는다고 한다. 그런데도 우리는 대부분의 미생물들이 우리에게 해로운 종류들이라고 잘못 알고 있는 경우가 더 많다. 그것은 아마도 사람들이 한번 병에 걸려 고통을 겪고 나면 다시는 미생물에 대해 이해하고 싶은 마음이 사라지기 때문일 것이다. 어쨌거나 우리 몸은 잘 알다시피 일정한 온도가 유지되고, 적당한 수분이 골고루 퍼져 있으며, 온몸이 유기성분으로 구성되어 있기에 미생물이 들어와 살려고 마음만 먹으면 얼마든지 증식하며 살 수 있는 훌륭한 삶의 터전이 될 수가 있다. 그것은 가능성으로만 있는 것이 아니라 미생물들이 수시로 우리 몸에 들락거리면서 삶의 조건을 따져보며 실천해 보이고 있다.

그런 가운데 우리 몸도 미생물들을 가만 놔두지 않고 들어오지 못하게 밀어내거나 아예 없애버리는 방어체계를 가동하고 있다. 그래서 실제로는 우리 몸에 도움을 주지 못하는 해로운 미생물들이 자리 잡기가 무척이나 힘들다. 어쩌다가 해로운 미생물들이 몸안에 자리를 잡고 들어앉으면 문제가 심각한 방향으로 나아간다. 워낙 우리 몸은 미생물들이 증식하기 위한 조건이 잘 갖추어진 곳이기에 순식간에 미생물들이 증식해 버리기 때문이다. 해로운 미생물들이 우리 몸안에서 증식한다는 것은 나름대로 자신들의 생활에 필요한 생리대사 작용을 하여 우리 몸에 해로운 물질을 분비하는 것이다. 그러한 물질이 바로 우리 몸에 이상을 일으키거나 더 나아가 해를 끼치는 독성물질이다. 우리는 이것을 독소toxin 라고 부른다. 병이란 '생물체의 온몸 또는 일부의 정상적인 생리기능이 파괴되어 건강에 이상이 생기거나 고통을 느끼게 되는 현상'을 말한다. 따라서 해로운 미생물이 우리 몸안에서 증식한다는 것은 곧 우리 몸에 병이 생긴다는 뜻이다.

우리 몸에 해를 끼치는 독성물질은 그 종류가 대단히 많다. 독성물질이 당장 건강을 해칠 정도가 아니라고 하더라도 여러 종류의 식품에도 들어 있으므로, 음식을 먹고 난 후에 독성물질이 만성중독, 발암물질, 돌연변이 유발, 기형아 유발, 알레르기 유발 등의 원인으로 우리 몸에 작용할 수도 있다. 또한 동, 식물성 자연식품 중에 구성성분으로 들어있는 독성물질이 식중독의 원인으로 나타나는 경우도 있다. 예를 들자면 복어나 모시조개, 섭조개 등에 들어있는 동물성 자연독은 물론이고, 버섯, 감자, 목화씨, 피마자씨 등에 들어있는 식물성 자연독이 자주 식중독을 일으키기도 한다.

미생물의 대사작용에 따라 생성되는 물질이 우리 몸안에서 독성으로 작용하여 식중독을 일으키는 경우도 있다. 대표적으로 맥각중독과 진균독에 의한 중독을 꼽을 수 있다. 맥각은 곰팡이*Claviceps purpurea*에 오염되어 검은색으로 변한 보리를 말하며, 그 양이 많을 때에 독성물질로 작용한다. 여러 종류의 곰팡이들이 만들어내는 대사산물에 의해서 사람이나 동물에 급성이거나 만성적인 장애를 일으키는 물질들을 통틀어 진균독mycotoxin이라 부른다. 곰팡이는 탄수화물이 풍부한 곡류나 농산물에 잘 번식하므로 지금까지 여러 종류의 진균독이 농작물과 연관되었다는 사실이 잘 알려져 있다. 진균독은 독성이 비교적 강하고 발암성분으로도 작용한다는 것이 확인되었으며, 우리 전통음식인 메주에서도 진균독의 일종인 아플라톡신aflatoxin이 들어있다고 해서 한때 문제가 되기도 했다.

그러나 요즈음 연구결과에 따르면 우리 된장과 간장에는 독성보다도 좋은 효능이 더 많이 들어있다고 한다.

　대부분의 박테리아(세균)는 우리 몸에 들어가 증식하면서 독소를 분비하여 우리 몸에 해를 끼친다. 세균이 증식하면서 만들어낸 독소를 세균의 세포막 밖으로 내보낸 독소는 외분비 독소Exotoxin이지만, 바깥으로 내보내지 않고 세포막 안에 포함하고 있는 독소는 내분비 독소Endotoxin이다. 외분비 독소와 내분비 독소라는 말을 줄여서 외독소 및 내독소라고도 부른다. 내분비 독소는 세균의 세포막 안에 들어있으므로 전혀 해가 되지 않을 것이라고 생각할 수 있지만, 외독소와 마찬가지로 해를 끼치는 것은 똑같다. 우리 몸안에서 증식한 세균이 그대로 있는 것이 아니라 우리 몸의 방어 작용에 따라 당연히 파괴되는데 이때 독소가 빠져나올 수밖에 없기 때문이다.

　우리 몸에 들어가 증식하는 해로운 세균들은 대부분이 음식이나 물을

맥각(보리깜부기)

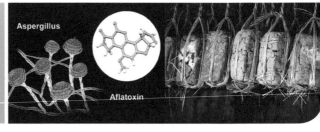

아플라톡신(aflatoxin)

통해서 몸안으로 들어오는 경우가 많다. 그래서 음식과 물을 통해 들어온 세균이 병을 일으키는 것이므로 소화기질병이라 하는데, 물과 함께 전파되기도 하여 수인성 질병이라고도 부른다. 경우에 따라서 음식을 통해 들어간 세균의 독소가 병을 일으키기도 하므로 일반적으로 식중독이라고 간단히 부르기도 한다. 여름철이면 유행병처럼 나타나는 콜레라, 장티푸스, 이질 등의 세균성 질병들은 바로 병원성 세균들이 우리 몸에

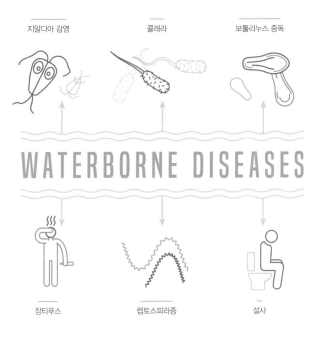

지알디아 감염   콜레라   보툴리누스 중독

WATERBORNE DISEASES

장티푸스   렙토스피라증   설사

⫶ 수인성질병

감염되어 증식하면서 독소를 분비해 병을 일으키는 것이다. 음식물 가운데 회나 어패류를 익히지 않고 날것으로 먹을 때에 나타나게 되는 패혈증이나 설사병들도 그 원인은 모두가 살모넬라*Salmonella*나 시겔라*Shiegella* 및 비브리오*Vibrio* 속(屬)에 포함되는 세균들이며 이들이 몸안에 들어와 증식하면서 독소를 내놓아 병을 일으킨다.

미생물이 증식하면서 분비해내는 독소만 해를 끼치는 것이 아니라 미생물이 몸안에서 증식하는 자체가 우리 몸에 해를 끼치기도 한다. 이를테면 그러한 예로 바이러스의 경우를 찾아볼 수 있다. 바이러스는 다른 종류의 미생물처럼 먹이를 먹고 소화시키는 자신의 생리대사 작용으로

살모넬라   시겔라   비브리오

에너지를 만들어내지도 않고, 또한 만들어낸 에너지를 이용하여 몸집을 불리면서 크지도 않는다. 다만 자신과 닮은 후손을 만들어내는 것이 생물체로서의 한 가지 특징이다. 그런데 여기에 또 하나 더해서 바이러스는 살아있는 생물의 세포 안에서만 증식이 가능하다는 점을 꼽을 수 있다. 그렇기 때문에 어떠한 바이러스라 하더라도 살아있는 숙주에 기생하여 증식할 수밖에 없는데, 이때에는 숙주세포가 어떠한 형태로든지 피해를 입기 마련이다.

여러 종류의 동물이나 식물 그리고 심지어는 세균이나 곰팡이 같은 미생물조차도 바이러스가 기생할 수 있는 숙주가 된다. 이렇게 바이러스는 천성적으로 살아있는 숙주세포에 감염되어 자신의 후손을 만들어 증식하는 과정이 바로 숙주에게는 해가 되기 때문에, 숙주의 입장에서는 그것이 바로 병이 되는 셈이다.

바이러스 병에 대해서는 어쩔 수 없이 모든 숙주들이 당할 수밖에 없는 것처럼 보이지만, 우리 몸은 스스로 항체 단백질을 만들어 바이러스의 침입에 대항해 싸울 수 있다. 바이러스 입자는 핵산과 단백질 분자로 이루어져 있는데, 우리 몸안은 바이러스의 외피단백질을 인식하여 그에 대항하는 항체를 만들어 바이러스와 싸우고 물리칠 수 있는 방어체계를 갖추고 있다. 항원에 대항하는 항체는 특정한 단백질 분자를 인식하고 그에 딱 들어맞는 항체를 만들어낸 것이므로 항원과 항체반응은 특이적인 반응의 하나이다. 또한 세균이 분비하는 독소도 단백질 분자로 구성된 것이므로, 독소를 항원으로 인식하여 항체가 결합하여 독성을 제거할 수 있다. 이렇게 독소의 활성을 없애는 것을 중화반응이라고도 부른다.

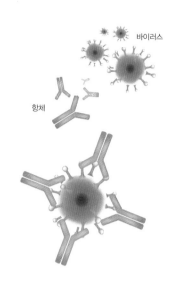

바이러스

항체

: 바이러스와 항체

미생물들은 이처럼 여러 종류가 우리 몸에 침입하여 증식함으로써 병을 일으키는데, 우리 몸은 이들을 외부에서 들어온 이물질로 인식하여 미생물들을 잡아 죽이거나 또는 이들이 분비하는 독소까지도 항체 단백질을 만들어 중화시켜 독성을 제거하기도 한다. 그 외에도 우리 몸은 스스로를 지키는 여러 가지 방법을 동원하여 미생물들의 침입을 물리치고자 노력한다. 물론 이러한 여러 가지 방어체계는 해로운 미생물이 우리 몸에 들어와 병을 일으킨다는 것을 전제로 하고 이루어지는 것이다. 이와 반대로 해롭지 않은 미생물들은 우리 몸에서 얼른 받아들여 공생관계를 유지하며 함께 지낸다.

모든 미생물들이 우리를 해치는 것만이 아니라는 것을 우리는 조금씩 이해하고 있다. 그러므로 우리는 미생물이 강하다고 두려워하지도 말 것이며, 그렇다고 모른 체 내버려두지도 말아야 한다. 비록 얼마 되지 않는 해로운 미생물이라도 틈만 생기면 우리 몸에 파고들기 때문에 과소평가하거나 폄하해서도 안 되며 항상 경계심을 갖고 대비해야 한다. 그것은 마치 물고기 운송에 대한 이야기 한 토막이 떠오르게 한다.

물고기를 살아있는 상태로 운반하는 것은 시간을 다투는 일이다. 운송 도중에 죽기라도 한다면 더욱 낭패이다. 그래서 찾아낸 방법은 여러 마리 물고기가 들어있는 수조 안에 이들을 잡아먹는 다른 물고기 한 마리를 함께 넣어준다는 것이다. 언제 잡혀먹을지 모르기 때문에 항상 경계하며 정신을 잃지 않는다는 것이다. 사실인지 아닌지는 확인할 수 없지만, 경계심을 갖는 것도 어느 정도이지 그러한 시간이 오래 지속된다면 생물은 고통을 견디지 못하고 어쩌면 스스로 정신을 놓아버릴 지도 모를 일이다. 병이란 바로 그러한 것이라고 할 수 있을 것이다.

Part

02

작용과 반작용

더불어 사는 지혜

미생물은 우리 생활주변에 널리 존재하면서 우리에게는 그 실체를 잘 드러내지 않고 있다. 그러다가도 언제든지 증식에 적당한 환경을 만나게 되면 순식간에 증식하여 우리에게 자기들의 존재를 알려준다. 우리 몸에서도 미생물의 존재는 생활주변에서와 거의 마찬가지로 행동한다고 말할 수 있다. 미생물은 우리 몸 바깥에서는 있는지 없는지 모르게 붙어 있다가도 일단 몸과 접촉하여 안쪽으로 파고든 다음에는 적당한 환경 속에서 급속히 증식함으로써 자신의 존재를 드러낸다고 할 수 있다. 이제 우리는 미생물의 존재를 확인할 수 있는 방법을 알고 있으므로 미생물이 우리 몸 어디에서 사는 것을 좋아하는지 밝힐 수 있다. 그것은 현미경을 통해서 확인하는 방법만이 아니다. 미생물의 증식상태를 확인할 수 있는 배양방법을 찾아내었기 때문이다.

살아있는 모든 세포는 세포막을 경계로 안과 밖을 구별한다. 하나의 세포로 구성된 단세포생물이거나 아니면 많은 세포로 구성된 다세포생물이거나 간에 모든 생물은 이렇게 안과 바깥의 차이가 있기 마련이다. 사람의 경우에도 당연히 안과 바깥을 구별할 수 있는 것은 세포막에 해당하는 살갗(피부)이 있기 때문에 가능하다. 피부조직을 경계로 해서 바깥쪽은 몸밖이라 하고 안쪽을 몸안으로 구분하는 것이 일반적이다.

바깥 공기와 접촉하고 있는 피부의 바깥층을 이루는 부분이 상피(上皮)인데 맨 바깥은 각질층이다. 이 층은 죽은 세포로 덮여있는데 20여 층의 세포층이 쌓여 이루어졌다. 그렇기 때문에 피부에서 맨 바깥층을 이루는 죽은 세포들이 비늘처럼 떨어져 나가는 것이 바로 '때'이다. 각질층의 죽은 세포가 떨어져 나가면서 바깥의 먼지와 더해지고 피부에서 추가된 땀과 기름 성분이 뒤섞여 그야말로 '때'를 만든다. 죽은 세포들이 떨어져 나가더라도 상피 바깥쪽에 각질층이 그래도 남아있어 병원균의 침입을 막아주는 것은 물론이거니와 수분이 없어지는 것을 막는 보습(保濕)이라는 중요한 기능을 함으로써 피부의 건조를 막아준다.

피부조직에는 죽은 세포도 있지만, 죽은 세포로 이루어진 상피 아래쪽에 비로소 살아있는 세포들이 자리를 잡고 있다. 이 부분을 진피(眞皮)라고 부른다. 피부 아래쪽에 자리하고 있는 피지선(皮脂腺)에서는 지방성분을 분비하는데, 이 기름기가 피부를 촉촉이 적셔주고 있다. 화장품에는 색조만 들어있는 것이 아니라 이렇게 피부의 건조를 막아주는 기본적인 보호기능도 포함되어 있다. 화장품의 중요한 기능으로는 얼굴과 겉모습을 아름답게 치장하는 색조효과만이 아니라 피부에 필요한 영양분을 공급해주는 영양효과와 더불어 피부로부터 빠져나가는 습기를 간직하도록 해주는 보습효과 등의 기능이 필요하다. 따라서 화장품도 이러한 기능에 따라 여러 종류로 나누어진다. 이렇게 피부라는 환경조건 속에는 적당한 온도는 물론 필요한 영양분과 습기가 포함되어 있으므로 여러 종류의 미생물들이 사는 데 유리하다. 다행히 이들 미생물들은 우리 몸에 붙어 살면서 나쁜 일을 하는 것이 아니라 우리에게 이로움을 주는 것이므로 공생균이라 할 수 있다.

우리 몸을 살펴보면 우선 여러 개의 기관이 모여 몸을 이룬 것임을 알 수 있다. 여러 기관은 또한 여러 종류의 많은 조직으로 구성되었으며, 이들 조직은 분명히 수많은 세포들이 모여 이루어진 것이다. 하나의 생물 개체는 이렇게 기관, 조직, 세포라는 구성단위가 체계적으로 모여 전체를 이루고 있다. 수많은 세포들이 모여 이루어낸 하나의 개체에서는 특별한 기능을 갖춘 기관과 조직이 잘 분화되어 있다. 호흡기관이라고 하면 우선 코와 콧구멍, 숨구멍과 숨길(기도 또는 숨관) 그리고 허파(폐)를 생각할 수 있다. 우리가 숨을 쉰다는 것은 공기 중의 산소를 받아들이고 몸안에서 쓰고 남은 이산화탄소를 내뱉는 것이다. 외부 공기 속에 들어 있는 산소와 외부 공기로 내뱉는 이산화탄소는 모두가 바깥 공기와 직접 연결되어 있다. 비록 호흡기라는 파이프를 통해 폐까지 그대로 공기가 흐르고 있다고 볼 때에 호흡기 전체는 어쩌면 외부라고 하더라도 그리 틀렸다고 할 수는 없을 것이다.

이와 마찬가지로 입에서부터 항문까지 호스처럼 이어진 소화기관도 따지고 본다면 외부와 연결되었다고 볼 수는 없는 것일까? 실제로 두 종류 이상의 생물이 함께 살아가는 공생관계에서는 세포나 조직 또는 기관 속에 자리 잡지 않은 것은 모두가 외부공생이라고 규정짓고 있다. 따라서 초식동물의 되새김위 속에서 공생하는 미생물이나 흰개미의 장 속에서 공생하는 미생물들은 엄격하게 구분한다면 모두가 외부공생 관계라고 할 수 있다. 그렇다면 공생의 대부분이 외부공생에 해당하고 내부공생은 거의 없는 것이 아니냐고 묻는 사람들도 있을 것이다. 엄격한 구분방법에 따른 내부공생의 경우는 아마도 콩과식물과 뿌리혹박테리아의 경우라고 말할 수 있다. 뿌리혹박테리아는 식물의 뿌리에 혹처럼 생긴 새로운 조직을 만들어 그 안에 자리 잡고 공생하기 때문이다. 어쩌면 동물의 장 속에 공생하는 미생물도 점막조직 안으로 파고들어 살아가는 경우에는 내부공생이라는 범주에 포함시킬 수 있을 것이다. 이처럼 내부와 외부를 구분하는 것도 의미에 따라서는 새로운 기준으로 해

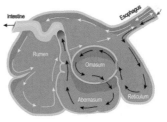

흰개미, 그리고 되새김위의 구조. 초식동물의 되새김위와 흰개미의 장내 미생물은 식물의 셀룰로오스 성분을 분해한다.(외부공생)

석할 수가 있다. 이렇게 때로는 일반적인 생각과 다르게 느껴지는 과학의 사례를 볼 때마다 과학이 그래서 어려운 것이 아니냐고 생각하고, 또한 사람들은 과학을 생각할 때마다 미리부터 겁을 먹는 것이 아닌가 곱씹어 본다.

과연 그렇다면 우리 몸에서 내부와 외부의 구별은 무엇이 기준이 되는가? 일단 우리 몸에서는 피부를 경계로 해서 안쪽을 내부라 할 수 있다. 분류의 기준에 따라서는 생물의 내부를 일컬을 때에는 경계의 안쪽이라는 표현이 세포막 내부를 의미하기도 하며, 때로는 여러 개의 세포들이 모인 조직이나 기관의 속을 엄격히 구분하여 내부로 구분하는 경우도 많이 있다. 세포나 조직 또는 기관을 하나의 단위로 생각하며 내부와 외부를 구분하는 것도 맞지만, 우리 몸에 대해서는 일반적인 상황에 따라 전체를 하나의 개체로 보고 안과 밖을 구분하는 것이 전혀 틀린 것

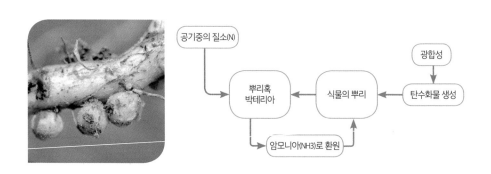

공기중의 질소(N) → 뿌리혹 박테리아 ← 식물의 뿌리 ← 탄수화물 생성 ← 광합성

뿌리혹 박테리아 → 암모니아(NH3)로 환원 → 식물의 뿌리

⁞ 뿌리혹박테리아의 모습. 식물과 공생하는 뿌리혹박테리아의 역할.(내부공생)

도 아니다.

한 가지 예를 들자면 우리 몸의 질병을 다루는 의학에는 크게 내과와 외과가 있다. 물론 특징과 역할에 따라 더욱 세부적인 분야로 나눌 수 있는데, 외과의사가 절개 수술하는 경우에는 내부를 들여다보고 처치하는 것이므로 어쩌면 외과의 범위를 벗어나는 것이 아니겠느냐고 생각하는 사람도 있을 것이다. 그러나 어디까지나 외과 의사들의 수술이 바깥쪽에서부터 절개해 들어가는 것이므로 범위를 벗어나는 행동이라고 생각하지는 않는다. 이처럼 내부와 외부의 구별은 특정한 사례를 놓고 보는 것이 아니라 전체적인 특성에 따라 구분하는 것이라 생각하는 것이 오히려 이해하기에도 쉬울 것이다.

우리 몸에서 피부는 외부와 접촉하고 있는 곳이니 만큼 미생물과의 접촉이 빈번히 일어나는 곳이다. 공기와 접촉하고 있는 몸 바깥쪽에서 미생물이 살 수 있는 – 아니, 산다는 말이 적당하지 않다고 생각하면 그냥 붙어있다고 바꾸어보자.– 곳은 손과 발을 비롯해서 얼굴, 피부, 머리카락, 겨드랑이, 사타구니 등을 꼽을 수 있다. 피부에 붙어있는 미생물이 과연 얼마나 많은지는 자세히 살펴보지 않고서는 쉽게 알 수 없다. 만약에 피부가 매끈한 상태로 이루어졌다면, 아무리 작은 크기의 미생물이라 하더라도 쉽게 달라붙지는 못할 것이다. 그러나 우리 몸의 피부는 매끈한 필름 모양이 아니다. 현미경으로 자세히 보면 피부의 겉모습이 울퉁불퉁하고 그 구성 또한 대단히 복잡하다. 우선 바깥쪽은 죽은 세포들이 떨어져 나가고, 그 바로 밑에는 살아있는 세포들이 진피를 이루고 있다. 물론 피부라 불리는 표피(진피)에는 곳곳에 굵거나 가는 털이 박혀있고,

털뿌리 근처에는 피지선이라 불리는 기름샘이 붙어있어 털에 기름기를 묻혀주므로 털이 윤기를 내는 것이다. 그리고 표피에는 털만 박혀 있는 것이 아니라 곳곳에 땀샘이 자리하여 땀구멍으로 땀을 배출하기노 한다.

피부에 살고 있는 미생물도 털뿌리는 물론 기름샘에서 분비하는 분비물을 영양분으로 이용하고, 땀샘에서 분비하는 땀의 습기를 먹이로 삼아 적당한 환경이라고 생각하며 붙어 살고 있다. 땀샘이나 기름샘에서 나오는 분비물은 바깥으로 배출하는 것이기에 미생물이 샘 안으로 파고 들어가는 경우는 그리 많지 않다. 그러나 샘물처럼 지속적으로 흘러나오는 샘이 아니므로 흐름이 멈춘 동안에 근처에 붙어있던 미생물들이 샘 안

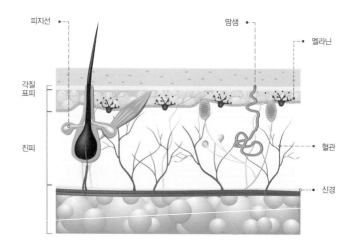

: 피부의 구조

으로 들어갈 수 있다. 이렇게 털뿌리나 기름샘 또는 땀샘에 자리 잡아 들어간 미생물들이 증식하게 되면 염증이 생길 수가 있다. 뾰루지나 여드름은 피부의 샘에 들어간 미생물들이 증식하여 일어나는 대표적인 경우이다. 땀샘과 기름샘에는 땀에 들어있는 여러 종류의 염류는 물론 기름 속에는 또한 여러 종류의 방향성 유기산이 들어있으므로 이들을 양분으로 삼아 증식하는 미생물들이 혐기성 또는 호기성을 가리지 않고 증식하면서 염증을 일으킬 수 있다.

피부 바깥에는 미생물들이 붙지 못하고 미끄러지거나 떨어지는 것이 아니다. 피부 겉면이 플라스틱처럼 매끄럽지도 않으면서 땀이나 기름 또는 먼지들이 죽어 떨어지는 세포들과 한데 어울려 때를 만들기도 한다. 이러한 피부에서 많은 미생물들이 함께 모여 사는 모습을 보인다. 피부에 살고 있는 미생물들은 하나의 미세 환경을 이루면서 집단을 이루어 해로운 미생물들이 파고드는 여유를 주지 않는다. 다시 말하자면 우리 몸 바깥 피부에 붙어 살고 있는 미생물들은 우리 몸에 특별한 해를 끼치지 않고 오히려 해로운 미생물들이 침입하고자 할 때에 막아주는 역할을 한다. 그러한 점에서 피부에 사는 미생물들이 우리 몸과 서로 도움을 주며 공생한다고 말할 수 있다.

때때로 우리는 목욕을 한다. 뜨거운 탕 속에

: 피부(현미경 사진)

들어가 때를 불렸다가 '이태리 타월'이라고 부르는 때 미는 수건으로 말끔히 때를 벗기고 시원하다고 생각한다. 어떤 경우에는 살아있는 세포들이 나타나고 그보다 더하면 빨간 실핏줄이 드러나도록 때를 밀어내는 경우도 있다. 철저하고 완벽하게 때를 밀어냈다고 생각하여 매우 개운한 것처럼 생각할 수 있지만, 실제로 우리 몸의 피부는 이러한 상태에서는 큰 위험에 노출된 것이다. 우리 몸의 피부 바깥쪽에는 적당한 미생물이 자리 잡고 있는데, 때를 밀면서 이들을 남김없이 제거해 버렸기 때문에 우리 피부는 다른 위험한 미생물의 침입에 그대로 노출되어 버린 것이다. 다행히 해를 끼치는 미생물이 침입하기 전에 이전의 건전한 미생물 집단이 자리를 잡는다면 다행이지만 그렇지 못한 경우에는 곤란한 상태가 일어날 수 있다. 깨끗한 것도 정도 문제이지 피부의 미생물들을 박멸시키는 것이 분명히 좋은 목욕방법이 아니라는 것을 잊지 말아야 할 것이다.

말이 나왔으니 말인데, 우리나라 사람들의 피부는 대부분이 건성이다. 그래서 뜨거운 물에 때를 불려 밀어내면 동글동글 떨어져 나온다. 이에 비해서 서양 사람들의 피부는 기름기가 많은 지성이다. 그래서 서양 사람들은 우리처럼 때를 밀어내지 못하고 비누를 묻혀가며 닦아내야 한다. 이러한 차이에서 서양 사람들은 목욕하는 방법도 우리와 달리 거품비누를 풀어놓고 그 안에 들어가 있다가 나와 물로 씻어낸다. 그렇게만 하더라도 비누 기운에 기름기 때가 떨어져 나오기 때문이다.

피부에 기름기가 많고 적음에 따라 목욕하는 방법도 이렇게 차이가 있다. 그뿐만 아니다. 서양 사람들의 피부에는 기름샘이 많아 그만큼 냄새도 많이 나기 마련이다. 땀을 많이 흘리는 사람은 분명히 적게 흘리는 사람보다도 땀 냄새가 많이 나는 것은 이해할 수 있다. 많은 땀을 흘린 후에는 샤워나 목욕으로 쉽게 땀 냄새를 없앨 수 있다. 그러나 땀 냄새와 다른 몸 냄새는 간단히 없앨 수 있는 것이 아니다. 몸 냄새는 기름샘에서 나오는 유기산 성분에 의한 것이다. 이것이 우리가 노린내라고 표현하는 냄새이다. 오래 전부터 몸 냄새를 풍기는 서양 사람들은 몸 냄새를 근본적으로 제거하기가 어려웠기 때문에 몸 냄새보다도 더욱 강력한 냄새를 덮어씌우는 방법을 찾아 이용하였다. 그것이 바로 향수이다. 서양에서는 우리보다도 훨씬 먼저 향수를 찾아 이용해야만 했던 이유가 여기에 있는 것이다.

최근에 알려진 바로는 겨드랑이 부근의 땀샘과 지방샘에서 분비하는 땀과 유기산을 영양분으로 삼아 살아가는 독특한 미생물들이 야릇한 냄새를 풍기는 원인이라고 한다. 그래서 연구자들은 이들 미생물들을 제거함으로써 겨드랑이 냄새를 제거하는 기술과 약품을 개발했다고 한다. 냄새를 없애는 방법으로는 자주 씻고 말려주어 냄새의 원인인 미생물이 더 이상 증식하지 않도록 막아주는 것이 가장 간단한 방법이지만, 약품을 이용하여 어느 만큼의 대체 효과를 얻을 수도 있을 것이다.

우리 몸을 바깥에서부터 보호하는 피부는 병원균을 막아주는 것은 물론이고 추위나 열 등의 자극과 자외선까지 차단한다. 그뿐만 아니라 피부에서는 가스를 교환시켜 호흡을 하고, 몸안에서 일어나는 생리현상의 배설물인 땀을 내보내어 체온조절을 해준다. 몸에 열이 발생하면 피부의 혈관이 확장되어 열을 발산하거나 땀을 흘리면서 기화열로 몸의 열을 식한다. 반대로 추워지면 혈관은 물론 털구멍까지 수축하여 털이 곤두서기도 한다. 게다가 기름샘에서 흘러나온 지방성분이 막을 만들어 추위를 덜 타게 한다. 그리고 피부는 여러 종류의 미생물들이 붙어 살면서 공생하는 다목적의 기능과 역할을 가진 부분이다. 피부의 색깔과 모습만 보더라도 그 사람의 건강상태를 한눈에 알아볼 수 있다. 그래서 사람들은 피부에서 일어나는 과학적인 생리현상만이 아니라 아름다운 모습을 찾아내고, 건강한 피부를 만들어가기 위한 여러 가지 노력을 기울이고 있다.

바람 들어온다,
문 닫아라

우리 몸에서 미생물이 살 수 있는 곳은 몸의 구석구석 어느 곳이나 다 가능하다. 미생물이 살아가기에 적당한 양분과 온도 그리고 수소이온농도㎩ 등의 조건이 잘 갖추어져 있기 때문이다. 그렇지만 보통 때에는 몸을 이루는 기관이나 조직, 세포 안에는 미생물이 살지 못하는 무균적인 상태이다. 그러나 외부와 맞닿아 있는 바깥 부분에서는 어느 곳이나 미생물과의 접촉이 이루어지고 있기 때문에 무균적인 상태가 유지될 수가 없다. 더욱이 우리 몸이 외부와 접촉하고 있는 곳은 피부만이 아니다. 귀, 눈, 코, 입으로 일컫는 이목구비의 모든 부분이 외부와 맞닿아 있으며 또한 외부로 통하고 있다. 그래서 외부와 통하고 있는 우리 몸의 각 부분은 당연히 미생물과의 접촉이 이루어지고 있다.

우리 몸에서 어느 부분까지를 외부로 보느냐 하는 문제는 보는 관점에 따라 조금씩 달라질 수 있다. 몸의 외부냐 내부냐를 구분하는 문제는 앞 장에서 이미 언급하였기에 이만 접어두기로 한다. 다만 우리 몸의 외부에서 가장 두드러진 특징을 가진 피부를 비롯해서 외부와 맞닿아 있는 눈, 코, 입 등의 몇 가지 기관에서 나타나는 미생물과의 관계에 대해 살펴보기로 하자. 외부 공기와 직접 맞닿은 기관이라면 눈, 코, 귀, 입 등이 되겠지만, 외부와 접촉이 직접 이루어지지 않으면서도 미생물과 관계가 있는 몸 안의 여러 기관을 비교적 큰 부분으로 나누어보면, 소화기와 호흡기 그리고 생식 및 배설기로 구분할 수 있다. 이렇게 몸에서 중요한 부분들이 미생물과 어떠한 관계를 유지하고 있는지 살펴보는 것도 매우 흥미로운 일이다.

누구나 상대방을 바라보거나 마주하고 이야기를 나눌 때에는 우선 상대방의 눈을 보기 마련이다. 사람의 생각과 감정은 눈빛으로 드러날 수 있기 때문에 말하지 않더라도 상대방의 눈빛만 보고도 그 마음을 이해할 수 있는 것이다. 이렇게 우리는 사람의 눈을 보고서 그 사람의 성격과 감정은 물론 지능까지도 대충 짐작할 수 있다. 그래서 눈은 곧 마음의 창(窓)이라고 말한다. 어쩌면 그것은 눈이 바로 뇌와 연결되어 있기 때문이 아닐까 하고 생각한다.

사람이 가진 여러 가지 감각기관 가운데 어느 것 하나 중요하지 않은 것이 없지만, 그 가운데에서도 가장 먼저 떠오르는 것은 눈이라 할 수 있다. 눈을 통해서 우리는 멀리 있거나 가까이 있는 사물을 볼 수 있다. 또한 우리는 보지 않고는 잘 믿지도 않는다. 백문이 불여일견(百聞不如一

見)이라고 직접 보지 않고서는 쉽게 이해하지 못하는 것이 우리의 생리이다. 눈은 이렇게 우리에게 사물을 볼 수 있도록 해주고 있다. 이러한 눈의 구조에서 가장 중요한 부분은 아무래도 렌즈 구실을 하는 수정체와 상이 맺는 망막이라 할 수 있다.

우리가 자연 속에서 볼 수 있는 것들은 너무나 많다. 그 가운데 생명을 갖고 살아있는 것들을 생물이라 부른다. 이에 비해 우리가 볼 수는 없지만 분명히 생명을 가진 것들이 있다. 그것이 바로 미생물이다. 우리 눈으로 볼 수 없는 것은 존재하지 않는 것이라고 생각하던 때가 있었지만, 눈에 보이지 않는 작은 존재를 볼 수 있는 기구를 만들어 이용하면서 눈에 보이지 않는 새로운 세계가 있다는 사실을 깨우쳤다.

눈에 보이지 않는 아주 작은 물체를 볼 수 있는 기구가 바로 현미경(顯微鏡)microscope이다. 이와 함께 멀리 있는 물체의 상(像)을 가까이 끌어와 보여주는 기구는 망원경(望遠鏡)telescope이다. 현미경이나 망원경은

፡ 망원경과 현미경

모두 유리를 깎아 만든 렌즈를 이용해 만들었다. 우리 몸에 있는 눈에도 수정체라는 렌즈가 있지만, 작은 것을 확대해 보거나 멀리 있는 것을 끌어당겨 볼 수 있는 능력에는 한계가 있다. 그러기에 이와 같은 한계를 극복하고자 사람의 기술로 렌즈를 이용한 특별한 기구를 만들어낸 것이다. 이러한 현미경을 통해 미생물의 존재를 확인하였기에 사람들은 쉽게 미생물에 대한 연구를 할 수 있었고, 더 나아가 미생물의 존재를 믿을 수도 있게 되었다. 이제 사람들은 눈에 보이지 않더라도 자연과 생명의 존재를 느끼고 이해할 수 있다. 그렇게 하기까지에는 많은 과학과 기술의 발전이 밑거름이 되었다.

아마도 우리 몸의 감각기관 가운데 가장 많이 이용되는 것은 눈이 아닐까 한다. 그렇게 많이 그리고 자주 이용되는 것이라면 눈을 보호하는 기능도 잘 발달되어 있을 것이다. 접촉이 많을수록 위험도 크기 때문이다. 실제로 눈의 구조를 보더라도 기계적으로 눈을 보호할 수 있는 장치가 마련되어 있다. 우리는 물론 의식적으로 눈을 감을 수도 있지만, 갑자기 바람이 불어오거나 먼지가 눈에 들어가기라도 하면 저절로 눈꺼풀이 감기거나 깜빡거린다. 이렇게 눈은 우리가 원할 때에 의식적으로 감을 수도 있지만, 급한 경우에는 눈을 보호하기 위해 순식간에 눈이 저절로 감기면서 스스로를 보호하는 기능도 있다. 눈에서 속눈썹이 붙어있는 부분을 눈시울이라 부르고, 눈물이 흘러나와 촉촉해지면 눈시울이 붉어진다. 흘러나온 눈물이 씻어낸 먼지나 미생물들이 뒤섞인 덩어리가 눈곱인데, 이러한 눈곱이 끼는 곳을 눈구석이라고 한다. 그리고 눈구석에는 퇴화된 얇은 근육인 분홍색의 순막(瞬膜, 깜박막)이 붙어 있어 제각기 독특한 보호기능을 발휘한다.

우리는 스스로 느끼지 못하는 동안에도 눈을 깜박인다. 대개는 2~10초에 한 번씩 눈을 깜박이는데, 이때마다 윗눈꺼풀 안쪽에 있는 눈물샘에서 눈물이 조금씩 흘러나와 눈 운동을 도와줄 뿐만 아니라 눈알에 묻은 먼지나 병균을 모으고 죽이는 일을 한다. 눈물은 그저 0.9%의 단순한 소금물이 아니다. 눈물 속에는 염화나트륨^{NaCl} 외에도 세균을 비롯한 미생물의 감염을 막아주는 항균성분인 라이소자임^{lysozyme}이 들어있으므로, 우리가 수시로 눈을 깜박이는 짧은 동안에도 우리 눈을 보호해준다. 그래서인지 실컷 울고 나면 마음이 후련해지는 것은 물론이고 눈과 코까지도 깨끗해지고 맑아지는 기분을 느낄 수 있다.

항상 스스로를 보호할 수 있는 기능이 있음에도 불구하고 눈에는 여러 가지 병이 있다. 대표적인 예로는 눈이 빨갛게 충혈 되는 이른바 아

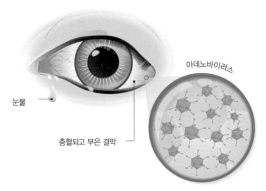

아폴로 눈병(급성 출혈성 결막염)

폴로 눈병으로 이것은 바이러스에 의한 병이다. 아폴로 우주선이 발사되던 때에 많이 발생하여 그러한 이름을 얻었다. 바이러스가 병원체인 질병은 중간단계에서 증식하지 않기 때문에 아무래도 직접 전염이 가장 빠르고 무섭다. 그래서인지 어린 학생들 사이에서는 눈병을 앓고 있는 학생의 눈을 손으로 만진 다음에 자기 눈에 비비는가 하면 눈을 서로 비비면서 눈병을 옮겨주는 위험한 짓을 서슴지 않는다. 자기 몸은 스스로 보호하는 기능이 있음에도 순리를 거스르는 모습이 안타깝기만 하다.

코는 사람의 얼굴 한복판에 우뚝 솟아있는 기관이다. 얼굴만 보고도 대충 몸의 건강상태를 살펴볼 수 있는 것처럼, 코는 얼굴 한가운데에 자리하고 높이 솟아올랐다는 점에서 우리 몸의 다른 부분을 빗대어 생각하면서 여러 가지 우스갯소리를 만들어내기도 한다. 어쨌거나 코는 숨을 쉬는 중요한 기능뿐만 아니라 냄새를 맡고, 코 안에서 일어나는 공명(共鳴)을 이용해 소리를 내는 데 도움을 주는 등의 역할을 한다. 그 외에도 숨을 쉬는 동안에 들이마시는 공기 속의 먼지를 거르는 기능과 적당한 습기를 간직하는 역

: 코로나 생활수칙

할도 있어서 숨길(기도, 숨관)과 허파를 보호한다.

우리는 코로 냄새를 맡는 것만으로도 먹을 수 있는 것과 먹지 못하는 것을 구분하기도 한다. 그렇지만 우리가 냄새를 맡거나 숨을 쉬는 동안에 항상 외부 공기와 맞닿아 있는 코는 감기 따위의 병원균이 들어가는 통로가 되기도 한다. 감기나 독감은 물론 코로나19도 바이러스가 그 원인인데, 바이러스는 숙주 세포를 벗어나서는 스스로 증식할 수 없으므로 감염자로부터 직접적인 접촉을 통해 전파되는 경우가 많다. 바이러스가 묻은 손으로 눈을 비비거나 콧구멍을 후비면 바이러스 병에 쉽게 감염되는 것도 이러한 이유 때문이다. 게다가 코로나19는 무증상 감염자와의 밀접한 접촉에 의해 자신도 모르는 사이에 감염될 수 있으므로 사람들과 만날 때에는 조금은 불편하더라도 서로의 건강을 위해 마스크를 쓰는 것이 필수적인 예방법이다. 그래서 사람들이 나들이할 때에는 많은 사람이 있는 곳을 피하는 것이 곧 호흡기 바이러스 병의 효과적인 예방법이다. 그리고 외출 후 집에 돌아와서는 손을 비누로 깨끗이 씻는 것이 일상이 되어야 한다. 아이들이 어른보다도 감기에 자주 걸리는 것은 면역 기능이 약한데다가 그들이 손으로 코와 눈을 만지는 횟수가 잦기 때문이다. 어쨌거나 손을 자주 씻는 것은 호흡기질병뿐만 아니라 다른 여러 가지 병을 예방하는 데에도 매우 효과적인 방법이다.

우리는 운동을 하거나 가끔씩 답답함을 느낄 때는 크게 숨을 들이마시며 심호흡을 한다. 신선한 공기를 한껏 들이마시면 가슴은 물론 머리까지도 시원해지는 느낌을 받는다. 외부와 연결된 콧구멍에서부터 숨길을 거쳐 허파에 이르는 동안에 바깥 공기가 그대로 들어온다면 우리 몸에서는 위험한 일이 일어날 수 있다. 그래서 콧구멍은 물론 숨길 주변에도 여러 가지 보호 장치가 마련되어 있다. 외부와 직접 연결된 콧구멍에는 코털이 얼개를 이루고 있고, 거기에는 항상 끈끈한 점액이 흘러 호흡할 때에 묻어 들어오는 먼지를 걸러준다. 주변 벽에도 점액이 분비되고 있어 먼지나 세균을 붙잡는데 이것이 말라붙으면 코딱지가 된다.

한겨울에 갑자기 찬 공기를 들이마시거나 여름철에도 너무 건조한 공기를 들이마시면 콧구멍이 시큰해지면서 눈물이 핑 돌기까지 한다. 이러한 경우에는 적당한 습기가 들어 있고 온도도 알맞은 포근한 공기를 들이마셔야 한다. 겨울철에 마스크를 한다든지 어린아이의 방에 빨래나 기저귀를 널어두는 것도 모두가 이처럼 숨쉬기에 포근한 공기를 마련하여 허파에 들어가는 공기를 일정한 온도와 습도로 유지하기 위한 것이다. 코는 단순한 공기의 통로만이 아니다. 추울 때는 코에서 열이 나오고 더우면 열을 식혀주는 이중의 역할을 함으로써 코가 허파를 지켜주고 있는 셈이다. 그리고 코를 비롯한 호흡기관은 습도조절을 위해 하루에 1리터 이상의 수분을 공기 중으로 방출한다고 한다.

코의 구조를 살펴보더라도 호흡하는 동안에 우리 몸을 지키려는 여러 가지 기능이 마련되어 있다. 코안의 모든 벽은 점막세포로 되어 있어서 우리 몸에 해로운 물질들을 잘 붙잡을 수 있다. 게다가 여기에는 섬모가 나 있어서 점막세포가 분비한 점액을 섬모운동을 통해 콧구멍 바깥쪽으로 계속 이동시킨다. 콧구멍의 털에서 걸러지지 않은 작은 먼지나 세균들은 이 점액에 걸려 콧속에서 말라 코딱지가 된다. 코딱지는 먼지 같은 이물질은 물론 죽어버린 미생물들까지도 한데 붙잡혀 눈곱 같은 덩어리가 된 것이다. 코안에서 계속하여 분비되는 점액 속에는 항바이러스 물질은 물론이고 면역글로불린, 라이소자임과 같은 물질이 들어 있기 때문에 여러 가지 해로운 미생물들을 죽일 수 있다. 이처럼 코 하나도 우리 몸에서 호흡기라는 단순한 기관이 아니라 몸을 지키기 위해 자기정화 작용이 이루어지고 있는 전체의 일부라는 사실을 부정할 수 없다.

'입은 비뚤어졌어도 말은 바로 하라.'라는 격언처럼 사람의 입은 말할 수 있다는 특별한 기능을 갖추고 있다. 말은 눈에 보이는 것이 아닌 만큼 사람의 정신과 의식 그리고 문화를 드러내는 더욱 중요한 의미가 있다. 물론 입은 사람들에게 말하는 기능만을 준 것이 아니다. 사람들이 살아가기 위해서는 먹어야 하는데, 필요한 음식물은 입을 거치지 않을 수 없다. 생명 유지에 필요한 열과 에너지를 만들어내는 음식물을 받아들이는 곳이 바로 입이다. 입으로 들어간 음식물은 그 모습 그대로 목구멍을 넘어가는 것이 아니다. 날카롭고 단단한 이를 이용하여 목구멍으로 삼키기에 적당한 크기로 자르거나 부스러뜨리고 갈아서 다음 소화과정이 일어나는 위와 장으로 넘겨준다.

모든 음식물이 거쳐 가는 입은 공기와도 수시로 접촉하기 마련이다. 더욱이 음식물과 함께 수많은 미생물들이 입으로 몰려온다. 미생물이 즐겨 찾는 곳은 살기에 적당한 조건이 갖추어져 있는 곳이다. 입안에는 항상 적당한 온도와 습도가 갖추어져 있고, 때로는 맛있는 음식물들이 들어왔다가 바스러지는 동안에 찌꺼기가 남아 미생물들이 즐기는 영양분도 넉넉한 곳이다. 그래서 입안에는 항상 수많은 종류의 미생물들이 바글거리고 있다. 그것은 마치 바겐세일 하는 백화점을 찾아 북적거리는 인파처럼 입안에는 항상 엄청난 숫자의 미생물들이 모여 있다. 그래도 그나마 다행으로 생각하는 점은 이렇게 많은 미생물의 크기가 너무 작아 우리 눈에 뜨이지 않는다는 것이다.

미생물 가운데에는 분명히 우리에게 좋은 일을 하는 미생물과 우리에게 해를 끼치는 미생물들이 있다. 우리에게 병을 일으키는 미생물들은 당연히 해로운 미생물이다. 적어도 수십 종류의 미생물이 우리 입안에서 살고 있는데, 그 가운데에는 병원균도 포함되어 있다. 게다가 입안은 미생물이 살기에 적당한 조건이 되어 미생물이 증식한다는 것은 결코 사람들에게 도움이 될 만한 일이 아니다. 그래서 우리는 어떻게 해서든지 입안에서 미생물들이 증식하지 못하도록 막는 것이 필요하다.

다행히 입안에는 침이 마르지 않는 샘물처럼 항상 조금씩 흘러나와 입안을 촉촉하게 적셔준다. 항상 입안에 고이는 침은 하루에 1~1.5l가 분비되는데, 수소이온농도는 6.5~6.9 정도로 중성에 가까우며 여러 가지 기능을 갖고 있어서 입안에서부터 우리의 건강을 지켜주고 있다. 나이가 들거나 생리적인 장애로 침샘이 말라 침이 나오지 않으면 얼마나 답답한 노릇일까? 사람의 침에는 면역글로불린 Aimmunoglobulin A가 들어있는데, 이것은 음식물이 포함한 독성을 없애주고 알레르기 반응을 치료해주는 항체의 일종이다. 가장 중요한 침의 기능으로는 무엇보다도 라이소자임lysozyme이라는 효소를 포함하고 있다는 것이다. 그러기에 침은 필요 없는 미생물을 제거하는 항균기능을 가진다. 이 외에도 음식물을 잘게 부수는 이를 튼튼하게 해주는 것과 혈액의 응고에 관여하거나 발암물질 등의 해로운 성분을 제거하는 등의 기능을 가지고 있다. 또한 침 속에 들어있는 호르몬은 뼈와 근육의 발달에도 중요한 역할을 한다고 알려져 있다.

우리는 침이 음식을 소화하는 데 중요한 역할을 하고 있다는 것을 오래 전부터 잘 알고 있다. 침에는 녹말을 엿당으로 분해하는 프티알린 ptyalin이라는 소화효소가 들어있는데, 이것은 타액 아밀라아제라고도 불린다. 그러나 침에는 소화효소만이 아니라 항균물질이 들어있어서 대단히 중요한 역할을 해준다. 상처가 나거나 벌레에 물렸을 때에는 자신도 모르게 상처에 침을 쓱쓱 바르게 된다. 과학적인 지식이 없더라도 일단 바르고 보니 효과가 나타난 일종의 생활의 지혜인 셈이다. 항균물질은 침에만 들어있는 것이 아니다. 우리 몸의 외부와 연결된 곳에서 나오는 땀이나 눈물, 콧물 등의 점액에도 침에서와 비슷한 방어물질이 포함되어 있다.

외부와 연결된 우리 몸의 여러 기관에는 우리 몸을 보호하기 위한 여러 가지 기능이 들어있다. 눈, 코, 입이라는 외부접촉기관은 그저 아무렇게나 안과 밖을 구별하기 위해 적당히 자리를 차지한 것이 아니다. 그들은 몸을 지키기 위해 나름대로 가장 알맞은 곳에서 효과적인 장치를 마련함으로써 제 기능을 다하고 있다. 입만 보더라도 입술과 혀 그리고 이 등이 어느 것 하나 제멋대로 노는 것이 아니라 한결같이 조화를 이루고 있다. 그리고 눈과 코와 귀와 입 모두가 서로 연결되어 있다는 사실만 보아도 이들의 기능이 제각기 따로 노는 것이 아니라는 점을 이해할 수 있다. 이렇듯 우리 몸의 방어체계는 서로가 독립적이지 않고 또한 육체에만 한정된 것이 아니다. 자세히 보면 볼수록 서로가 연결되어 있을 뿐만 아니라 이들의 기능은 정신의 영향을 받아 움직인다는 점이 더욱 놀랍다. 이른바 건강한 몸은 건전한 정신에 달려있다는 말은 그저 허튼소리가 아니다. 우리가 살아있는 동안에는 어쩔 수 없이 외부의 미생물과 접촉하기 마련이므로 모든 미생물이 병원균이라는 생각으로 무턱대고 겁내거나 두려워하기만 할 것이 아니다. 여러 종류의 미생물에 대한 정확한 성질과 우리 몸의 기능을 이해함으로써 서로가 친구처럼 함께 살아가는 방법을 찾아보아야 할 이유가 분명하다.

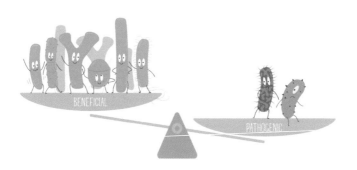

: 미생물의 균형

미생물의
균형이 깨지면

　한창 젊은 나이의 대학원생 한 명이 얼마 전부터 배가 아파 병원에 다니는데, 정확한 원인을 찾을 수가 없다고 하니 걱정이다. 실험을 위주로 하는 이공계 대학원생들은 실험실에 머무르는 시간이 많기 때문에 주의하지 않으면 자칫 건강을 해치는 경우가 생기기 쉽다. 실험을 하다 보면 끼니때가 조금씩 바뀌는 경우도 있고, 제 시간에 챙겨 먹는다고 하더라도 외부에서 시켜먹는 경우가 많아 신경 쓰기가 어렵기 때문이다. 요즈음 학생들은 아침을 거르는 경우도 많은데다가 점심과 저녁을 매번 학교식당이나 바깥 식당에서 해결하는 경우가 대부분이다. 어쨌든 거의 날마다 하루에 두 끼를 사먹거나 시켜 먹기 때문에 집에서 먹는 음식과는 다소간의 차이가 있다. 그 차이라는 것은 식당 음식이 정성이 결여된 것일 수도 있고, 일반인들의 입맛에 맞춘 음식으로 점점 맛과 영양이 부실

해지는 경향이 있으며, 조미료나 화학물질이 많이 첨가되어 제맛을 잃어 버리는 것일 수도 있다. 물론 한끼 한끼 정성을 다해 마련해주는 식당이 없는 것은 아니지만, 아무래도 정성과 영양이 고루 갖추어진 식당을 찾기에는 학생들의 주머니 사정이 버거울 수밖에 없다.

배가 아픈 증상은 갑자기 나타나는 것이 아니다. 항상 질병이라는 것이 그렇듯이 갑자기 아픈 증상이 생기면 대응방법도 그만큼 빨라야 하는 것이다. 이를테면 만성적인 질병의 증상은 오랜 시간을 두고 쌓이는 것이기 때문에 언제부터 어떻게 시작되었는지 꼭 집어내기가 어렵다. 그러기에 만성질병은 정확한 원인을 밝히는 것도 쉽지 않고, 어렵게 원인을 찾았다 하더라도 바로잡는 데까지 보통 오랜 시간이 걸린다. 이러한 성질이 급성병과 만성병의 일반적인 차이점이다. 배가 아프다던 그 학생도 오랜 기간 조금씩 고통이 더해져 한동안 병원에 다니다가 원인을 알고 보니 장이 운동을 하지 않는다는 것이었다. 갑자기 그것도 젊은 나이에 몸이 이상해진다는 것은 선뜻 납득하기 어렵다.

우리 몸은 여러 기관이 모여 있는데, 이들 기관은 한결같이 몸을 보호하는 기능이 있어서 스스로도 드러나지 않게 제 역할을 다 하고 있다. 몸의 건강을 위해서 운동을 할 때에는 의식적으로 땀을 흘리며 원하는 만큼 움직인다. 이와 달리 우리 몸에서 숨을 쉬거나 피를 돌게 하는 허파와 심장은 우리가 의식하지 못하는 사이에도 쉬지 않고 움직인다. 이렇게 스스로 느끼지 못하는 동안에도 운동을 계속하는 것은 불수의근(不隨意筋)에 의한 운동이다. 우리가 음식물을 먹고 소화시키는 것도 마찬가지로 불수의근에 의한 운동이다. 이처럼 우리 몸을 이루고 있는 장기의 대부분은 필요한 만큼 스스로 움직인다. 장(腸)도 이처럼 지렁이가 꿈틀거리며 기어가듯이 스스로 알아서 움직여 음식물을 이동시키는데 이것을 장의 연동운동이라고 한다. 창자가 꿈틀거리는 연동운동은 몸안에서 하는 운동이므로 우리 눈에는 전혀 보이지 않는다. 이 운동은 의식적으로 유도하는 운동이 아니라 자율신경에 의해 저절로 이루어지는 운동이다. 이것을 '불수의운동'이라고도 부른다. 그래서 우리는 창자의 연동운동을 스스로 느끼지 못한다. 만약에 우리가 창자가 움직일 때마다 그것을 느끼게 된다면 우리는 얼마나 피곤한 하루를 보낼 것인가. 물론 우리가 필요할 때에는 청진기를 배에 대고 들어보면 '꼬르륵, 꼴꼬르르' 하는 소리를 들을 수 있다. 이것이 바로 창자의 연동운동에 따라 내용물들이 움직이며 굴러가는 소리이다.

우리가 음식을 먹으면 모든 소화기관이 알아서 소화시켜 주는데, 입을 통해 들어간 음식물이 위를 벗어나 소장과 대장을 거치면서 결국에는 배설에까지 이른다. 장의 연동운동이라 하면 소화된 음식물을 배설에 이르기까지 장을 따라 옮겨주는 것이라고 보면 틀림이 없다. 그런데 쉬지 않고 움직여야 할 이러한 장의 움직임이 없다는 것은 도대체 어떤 의미를 갖는 것일까? 결국은 소화에 문제가 생긴 것이라 할 수 있다. 그러기에 배가 고파도 먹지 못하고 아니 보다 정확히 표현하

: 장의 연동운동

자면 제대로 마음 놓고 먹을 수가 없다는 말이다. 이것은 장이 움직이지 않아 음식물을 이동시킬 수가 없기 때문인데, 근본적인 이유를 찾아보면 장이 움직일 뜻이 없다는 말이다. 스스로 알아서 움직여야 할 장이 움직이지 않는다는 것은 장에 이상이 생겼기 때문이다. 장 어딘가에 염증이 생겼거나 아니면 구멍이라도 뚫려 있기에 그대로 움직이면 더 큰 문제가 생길 수 있다고 장이 스스로 판단한 것이다. 그래서 장이 이리저리 따져보아 원래의 상태로 회복될 때까지는 절대로 움직이지 않겠다는 의사를 표현한 셈이다.

예를 들어 우리의 살갗이 다치면 딱지가 생기기 마련이다. 그런데 딱지 부위가 접히는 부분이라면 조금이라도 움직일 때에는 아픔이 뒤따르기 마련이다. 그래서 이럴 때에는 딱지가 떨어져 원래대로 될 때까지 움직이지 않고 그대로 놔두어야 한다. 이와 마찬가지로 연동운동을 해야 하는 장이 움직이려 하지 않는다는 것은 움직일 때마다 고통이 따르게 되므로 우선 장이 완전히 회복될 때까지 그대로 있고 싶어 하는 것이다. 그런데 사람은 먹지 않고는 견디기 어렵기 때문에 여기에 문제가 있는 것이다. 하루빨리 원인을 찾아내어 장의 상처를 회복시켜야 하는 동시에 그동안 체력을 손상하지 않도록 어떻게 해서든지 필요한 영양분을 공급해 주는 법을 찾아 병행해야 하는 것이 치료의 원칙이다.

경우에 따라서는 장 안에 살고 있는 미생물이 원인이 되어 장의 운동을 막을 수도 있다. 특별한 병원성 미생물이 장 안에 들어와 증식하면 독소를 분비하기도 하는데, 이러한 독소가 장의 운동을 멈추게 하거나 또는 피를 타고 돌다가 다른 부위까지 마비시키기도 한다. 어쨌거나 장

내부는 외부 공기와 충분한 접촉이 이루어지지 않기 때문에 호기성 미생물보다 혐기성 미생물이 주로 살고 있다. 미생물의 생장과정에서 호기성 미생물이든 혐기성 미생물이든 모두 일정한 양의 가스를 발생시킨다. 다시 말해서 장이 연동운동을 하든 안 하든 장 안에서는 일정한 양의 가스가 지속적으로 발생한다는 뜻이다.

그렇다면 장 안에서 증식한 미생물에 의해 만들어진 가스는 어떻게 해서 그리고 어디로 빠져나가는 것일까? 장 안에서 만들어진 가스가 한군데 모아졌다가 바깥으로 빠져 나오는 것이 바로 방귀이다. 이렇게 방귀는 장 안에서 증식하는 혐기성 미생물들이 만들어놓은 메탄이나 황화수소를 비롯하여 고약한 냄새가 나는 가스이므로 몸밖으로 빠져 나온 방귀는 구린내가 나기 마련이다. 비록 냄새가 나는 방귀이지만 수술환자의 경우에는 방귀가 기다려질 수밖에 없다. 왜냐하면 수술 후에 방귀가 나오는 것은 그만큼 수술하는 동안에 뒤틀린 장의 위치가 바로잡혔다는 것을 뜻하고 동시에 장의 연동운동이 정상적으로 되돌아왔다는 것을 의미하기 때문이다.

장의 움직임에 따라 소화되고 남은 음식물 찌꺼기만 이동하는 것이 아니라, 장의 연동운동에 맞추어 장 안에서 발생한 가스도 조금씩 바깥을 향하여 이동해 나간다. 어떠한 이유인지 정확히 모르더라도 장의 운동이 멈추어버리면 배설이 안 되는 것은 물론이고 방귀조차 뀌지 못한다. 그래서 장의 운동이 멈춰버린 환자에게는 가스가 배출되도록 관을 넣어서라도 가스를 빼주어야 한다. 장 안에 살고 있는 미생물들이 가스를 만들어내고, 비록 느낄 수 없는 동안에도 장의 연동운동으로 방귀가 나오는 것은 사람에게는 그만큼 생리적으로도 중요한 현상이다. 아무 곳에서나 방귀가 수시로 나오는 것이 문제를 일으킬 수도 있지만, 방귀를 뀌지 못하는 환자들에 비하면 잦은 방귀가 얼마나 고마운 일인지 모르겠다.

맨 앞에서 예로 들었던 젊은 학생은 다행히 특별한 수술을 하지 않고서 나았지만, 병원에서 알려준 병명은 '기능성 장애'라는 애매한 표현이었다. 이와 비슷한 또 다른 환자는 오랫동안 아픔이 심해서 수술을 받았지만, 수술을 받고서도 한 동안 나아지지 않기에 다른 병원에서 치료를 받고서야 다행히 나은 경우도 있었다. 두 번째 병원에서는 먼저 장에 관을 넣어 가스를 빼는 치료를 하였다는데, 이 환자 역시 특정 병명이 아닌 '스트레스성 장기능 장애'라고 알고 있었다. 병을 고쳐주는 병원에서 병의 원인을 찾지 못하면 무척이나 답답할 수밖에 없다. 얼마나 다급했으면 입원하자마자 바로 수술로 들어갔을까 생각해본다. 어쨌거나 우리 몸이 스스로 치유할 수 있는 능력을 어느 정도 갖추고 있기에 원인을 정확히 알지 못하는 이러한 경우에도 특별한 치료를 하지 않더라도 저절로 낫는 경우도 가끔씩 볼 수 있다. 원인을 정확히 찾지 못한 생리적인 장애에 대해서는 응급치료를 병행하면서 서두르지 않고 상태를 지켜보는 것도 또 하나의 치료방법이 될 지도 모르겠다.

장 안에서 미생물이 문제를 일으킨 대표적인 질병의 예가 하나 있다. 파푸아뉴기니의 고지대에 사는 사람들에게 감염되는 '피그벨pigbel'이라고 불리는 병이다. 파푸아뉴기니의 고지대에서는 피그벨이 감염자의 거의 대부분인 85%에 달하는 사람들을 죽음으로 몰아가는 대단히 위험한 병이다. 그렇기 때문에 파푸아뉴기니 고지대에서는 피그벨이 호흡기 질환에 이어 두 번째로 이 지역 사람들을 해치는 위험한 살인자라 할 수 있다. 돼지 기념축제가 열리는 때에 이 병이 가장 많이 발병하는 것을 보고 거기에서 힌트를 얻어 이 병에 대해 철저히 연구할 수 있었으며, 드디어는 이 병의 진행과정을 상세히 설명할 수 있게 되었다.

파푸아뉴기니의 돼지축제는 고지대 사람들의 여러 가지 기념제와 희생제를 총괄하는 축제이다. 축제음식은 전통적인 방식으로 마련한다. 가축을 막대기로 두들겨 도살한 후 내장을 꺼내어 씻어서 나뭇잎으로 싼다. 토막 낸 살코기와 내장, 고사리 잎, 바나나 잎들을 미리 파놓은 구덩이에 한 층 한 층 쌓고 고구마와 바나나, 썬 잎사귀 그리고 불 속에서 달군 돌멩이를 구덩이에 함께 넣는다. 재료가 한 층 한 층 쌓이면 돼지의 팔다리와 허리 살을 넣고 마지막으로 포장하여 덮는다. 많은 물을 부어 증기를 내고 더 많은 잎사귀와 흙을 뚜껑으로 덮는다. 이러한 방법으로 야외에서 커다란 스팀오븐이 만들어지는데, 나중에 내부 평균온도를 재보았더니 172℃나 되었다고 한다.

특수부대원들이 산 속에서 생존훈련을 받는 동안에 밥을 지을 그릇이 없을 때에는 흙구덩이를 파고 위아

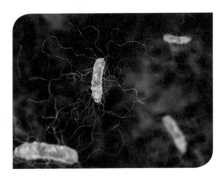

∷ 클로스트리듐(*Clostridium*)

래 두꺼운 천으로 쌀을 싸고 물을 뿌린 다음에 위에서 불을 지피면 흘러 내린 물이 증기가 되어 올라오면서 쌀이 익어 밥을 지어먹을 수 있다. 이것은 마치 돼지축제에서 고기를 익히는 방법과도 많이 닮았다. 그러나 이와 같은 야외 스팀오븐은 분명히 바람직한 고기 조리법이 아니다. 이렇게 고기를 익혀먹는 동안에 박테리아 등의 미생물에 감염될 수 있는 기회가 얼마든지 있기 때문이다. 축제음식이 마련되면 대연회가 열리는데, 그 과정 또한 위험한 미생물들 가운데에서도 특히 클로스트리듐 *Clostridium*이라는 세균이 증식되기에 알맞은 조건이 마련되어 있기에 알만한 사람들이 보기에도 너무나 위험한 상황이다.

보통의 경우에는 클로스트리듐이 분비하는 독소는 이자에서 분비하는 효소 가운데 하나인 트립신이라는 단백질 분해효소에 의해 장에서 파괴된다. 클로스트리듐 독소는 이 효소에 매우 민감하게 반응하는데,

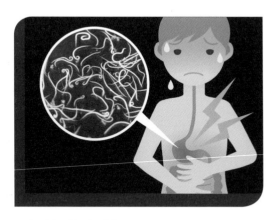

: 아스카리스 룸브리코이데스(*Ascaris lumbricoides*)

음식으로 많이 먹는 고구마에는 트립신의 활동을 통제하는 화학물질이 많이 들어 있다. 불행히도 고구마는 돼지축제에서 준비하는 음식물의 중요한 재료의 하나이며, 동시에 고지대 사람들의 중요한 음식이기도 하다. 이러한 과정을 거치는 동안에 스스로를 지켜내려는 몸의 방어기능이 힘을 잃고 만다. 클로스트리듐이 풍부한 고기를 트립신 억제제가 많이 들어있는 고구마와 함께 먹은 축제 참석자들에게 갑자기 피그벨이라는 병이 일어나는 것이 어쩌면 당연한 결과이다. 게다가 이 지역 아이들의 장 속에는 트립신 억제제를 분비하는 기생충인 아스카리스 룸브리코이데스*Ascaris lumbricoides*라는 회충이 매우 흔하다는 사실은 상황을 더욱 어렵게 만드는 조건이 되고 있다.

사람들이 피그벨pigbel이라고 부르는 이 병은 간단히 표현하자면 일종의 괴사성 장염이다. 감염자의 장 표본을 현미경으로 살펴보면, 중요한 막이 살아있기는 하지만 점막의 대부분이 죽어있는 것이 보인다. 더욱 놀라운 사실은 점막의 표면을 따라 막대기 모양의 수많은 박테리아들이 줄을 선 것처럼 늘어서 있다는 점이다. 게다가 장의 벽을 이루는 막 안에 가스가 차 있는 공간이 있는 것을 현미경으로도 확인할 수 있다. 나중에 박테리아의 종류를 밝히는 생리적인 실험결과를 바탕으로 이 박테리아가 파상풍과 괴저를 일

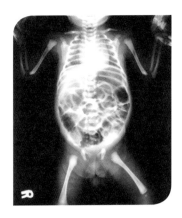

: 장염에 걸린 어린 아이의 X선

으키는 클로스트리듐이라는 사실을 확인할 수 있다. 이 세균은 독소를 분비하여 장벽에서 감염과 괴사를 일으키므로 이러한 증상을 괴사성 장염이라고 부른다.

괴사성 장염을 일으키는 세균의 감염증상은 꼭 파푸아뉴기니의 피그벨에만 한정된 것이 아니라 다른 지역에서도 때때로 발생한다. 왜냐하면 클로스트리듐은 내장에서 다소나마 살고 있는 것이 정상적이라 할 수 있을 뿐만 아니라, 보통은 이들 세균들이 장 안에서 다른 유기체들과 한데 어울려 접촉하면서 이들이 분비하는 다양한 생리학적 물질들과 조화를 이루어 함께 살고 있기 때문이다. 하지만 어떤 일이 생기거나 충격이 일어나면 내장 속의 여러 유기체와 화학물질의 균형이 흐트러지는데, 이러한 경우에는 이상하게도 클로스트리듐이 엄청나게 많아져 위험을 일으키는 원인이 되기도 한다. 이렇게 우리 몸에서 생명을 유지해 주는 인체의 메커니즘이 평형을 이루지 못하면 특별한 미생물들이 빠르게 증식하여 질병이라는 문제를 일으키기도 한다.

우리가 모르는 사이에도 우리 몸 안에서는 몸의 여러 기관들이 우리에게 아무런 느낌을 주지도 않은 채 스스로 알아서 일을 처리하고 있다. 마치 우리가 잠을 자는 잠깐 동안이라도 멈추지 않고 숨을 쉬거나, 또는 음식을 먹고 난 다음에 바로 일을 하더라도 우리 몸은 스스로 알아서 소화시키는 것과 같은 일들이다. 이렇게 우리 몸은 굳이 의식적으로 일을 만들어 하지 않더라도 필요하다면 스스로 알아서 처리하는 것으로 보아 이것은 한마디로 몸의 지혜라고 말할 수 있을 것이다. 몸의 지혜 가운데 가장 두드러진 특징이라면 각각의 분리된 기관들이 나름대로 맡은 일을 하면서도 부분적이지 않고 모든 것들이 하나로 통합해서 조화가 이루어 진다는 것이다.

대변의 1/3은 세균

유산균은 다른 말로 젖산균이라고도 하는데, 쉽게 이야기해서 젖에 들어있는 젖당(유당)lactose 또는 포도당을 에너지원으로 이용하여 자라면서 마지막에 젖산(유산)lactic acid을 만들어 소화하기 좋은 상태로 만들어주는 세균이다. 젖은 밥을 먹지 못하는 어린이들에게 영양분을 공급해주는 음식이다. 요즈음 자라는 어린아이는 엄마의 젖 대신에 분유를 먹고자라는데, 우유 속의 영양분이 그대로 흡수되거나 보다 작은 분자로 쪼개어져 흡수되기도 한다. 작은 분자는 아무래도 소화 흡수되어 양분으로 이용하기에 효과적인 것은 당연한 이치이다. 이렇게 우유를 소화 흡수하기에 좋은 상태로 만드는 것이 바로 유산균의 발효작용이다. 그렇기 때문에 우리 몸에서 유산균이라는 존재는 몸과 장의 건강에 중요한 위치를 차지하고 있다.

장염이나 대장염에도 효과가 있다는 유산균의 쓰임새는 이제 정장제로만이 아니라 건강 보조식품으로 널리 이용되고 있다. 우유를 발효시킨 유산균 식품으로는 요구르트yoghurt가 대표적이다. 유산균이 우유를 발효시키는 동안에 우유에 들어있는 유당을 에너지원으로 이용하므로 발효유 안에는 유당 함유량이 줄어들고 그만큼 유산의 함유량이 늘어난다. 우유를 마시고 속이 거북한 것은 유당 소화불량이라는 증세인데, 이러한 증상을 나타내는 사람들도 발효유, 즉 요구르트를 먹으면 문제가 없다. 물론 우유와 발효유를 함께 먹어도 마찬가지 효과를 볼 수 있다.

요즈음 시판되고 있는 요구르트의 종류로는 마시는 종류와 떠먹는 종류가 있다. 떠먹는 요구르트는 유럽에서 개발된 방법이고, 마시는 요구르트는 '야쿠르트'라는 상품명으로 일본에서 나중에 개발된 것인데 우리나라에는 일본식 야쿠르트 제품이 먼저 들어왔기에 아직도 마시는 요구르트가 원조인 것처럼 생각하는 사람들도 많이 있다. 요구르트 음료와 떠먹는 요구르트에 들어있는 유산균 수를 조사해보았더니 떠먹는 요구르트에서 보통 네다섯 배나 더 많은 유산균이 들어 있었다. 유산균 음료에는 1ml에 5억 마리 정도였지만, 떠먹는 요구르트에는 18~26억 마리의 유산균이 들어있다는 결과를 보면 아무래도 떠먹는 요구르트의 유산균 효과가 더 높다고 말할 수 있다.

유산균의 종류는 유산간균과 유산구균 그리고 비피더스균으로 나눌 수 있는데, 유산간균은 주로 소장에 있고, 유산구균과 비피더스균은 주로 대장에 많이 있다. 비피더스균의 모양은 구부러지거나 Y자 모양이다. 유산균은 산소가 없는 조건에서 더 잘 자란다. 산소가 있으면 유산균이 잘 죽으므로 산소가 없는 조건에서 배양하여 분말상태로 만들어 필요한 만큼 첨가하여 사용한다. 또한 유산균은 잘 움직이지 않는다. 운동성이 활발하지 않다는 말이다. 일반의약품으로도 시판되는 유산균 제제는 아무래도 공복일 때보다는 밥을 먹은 후에 먹는 것이 효과적이다.

오래 전부터 우리 음식은 발효음식이 주종을 이루고 있다. 그 가운데 대표적인 발효식품으로 김치를 꼽을 수 있다. 김치가 익으면 시큼한 맛이 난다. 신맛은 흔히 아는 것처럼 산성이기 때문이다. 요구르트를 먹을 때도 약간 신맛을 느끼기 마련이다. 맨 처음 우리나라에서 떠먹는

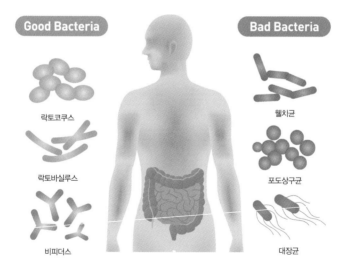

Good Bacteria

락토코쿠스

락토바실루스

비피더스

Bad Bacteria

웰치균

포도상구균

대장균

∴ 유산균의 종류로는 유산간균과 유산구균 그리고 비피더스균이 있다.

요구르트가 판매되었을 때에 요구르트의 맛을 몰랐던 사람들이 요구르트의 신맛 때문에 상한 것이라 생각하여 안 먹고 버렸다는 에피소드가 있다. 우리는 김치의 신맛이 맛있게 익었다는 신호라는 것을 누구나 알고 있지만, 신 김치를 처음 먹는 서양 사람들도 상한 음식이라고 생각하여 먹지 않고 버리는 경우는 우리가 요구르트를 처음 먹을 때와 마찬가지이다.

우리의 김치에서 신맛이 나는 것도 따지고 보면 유산균의 발효에 의한 것이다. 잘 익은 김치에는 엄청난 양의 유산균들이 살아있다. 우리나라 사람들도 오래 전부터 김치를 먹으면서 우리 몸안에 유산균을 보충해왔다. 물론 요즈음 먹는 요구르트에 들어있는 유산균과 김치 안에 들어있는 유산균이 똑같은 종류는 아니지만 그래도 효과를 거둔다는 면에서는 차이가 없다. 요즈음 우리나라에서는 어린이들이 김치를 싫어한다는 말이 있지만, 최근에 이르러 김치의 좋은 점이 크게 부각되고 있다.

: 요구르트와 김치

일본과 중국을 비롯한 아시아국가에서는 물론 미국과 유럽지역에서도 점차 김치의 우수성이 알려지면서 소비량이 늘고 있다고 한다. 우리가 김치를 먹으니 요구르트를 먹을 필요가 없다는 것이 아니라, 김치와 요구르트에 들어있는 유산균의 종류가 다른 것이니 김치와 함께 요구르트도 먹어가면서 유산균을 보충하는 것이 보다 현명한 유산균 섭취방법일 것이다.

우리 몸안에는 엄청난 양의 유산균이 살고 있다. 물론 대장에서는 대장균이 공생하므로 많다는 것이 이해가 되지만, 대장균만이 아니라 유산균 또한 대장균 못지않게 많다는 사실을 이해하기는 쉽지 않다. 다만 누구나 어렸을 때에 젖을 먹고 자라는 것도 따지고 보면 유산균의 덕분이라고 한다면 조금은 수긍이 간다. 유산균이 우리의 소화장기 안에 살면서 점막을 보호하는 것은 물론 질병을 예방하는 효과도 나타낸다. 유산균이 넉넉하다면 이들이 만들어내는 젖산 때문에 다른 유해한 미생물들이 자랄 수가 없으므로 예방효과까지 나타나는 것이다. 따라서 유산균 발효식품은 일반식품보다도 더 좋은 저장성과 안정성을 갖추고 있다. 게다가 요구르트를 발효시키는 락토바실루스*Lactobacillus*를 비롯한 여러 종류의 유산균들은 사람의 변에서 추출하여 배양한 균이라는 사실을 알면 그러한 이유를 더 잘 이해할 수 있다.

: 락토바실루스(*Lactobacillus*)

미생물을 연구하는 입장에서 때때로 미생

물에 대한 농담을 하는 경우도 있다. 화장실에 가서 큰일을 볼 때에 화장지를 몇 겹이나 감아야 대장균에 대해 안전할까라는 문제를 놓고 실랑이를 벌일 때가 있다. 누군가는 농담으로 화장지를 열여덟 겹으로 감아 닦더라도 손에는 대장균이 남는다는 말을 하기도 한다. 그야말로 믿거나 말거나 상관없는 농담에 불과한 것이지만, 옆에서 듣는 사람은 그것이 사실인 양 착각하는 경우도 있다. 대장균이라는 미생물은 분명히 변에 들어있지만, 우리 주변에서도 너무나 많은 곳에 널려있는 상태이므로 이미 화장실에 들어가는 사람의 손에도 처음부터 묻어 있었을 가능성이 충분하기 때문이다. 열여덟 겹의 화장지를 사용하든 그보다 배나 두꺼운 서른여섯 겹의 화장지를 사용하든 화장지를 사용하기 전부터 대장균이 손가락에 묻어 있었다면 그 대장균이 화장실을 다녀온 후에 묻은 것인지 엄격히 구별할 수가 없다. 이처럼 우리 주위에 너무나 많이 존재하는 것이 미생물인데, 그들이 우리 눈에는 좀처럼 띄지 않기 때문에 그 존재를 하나하나 확인해 가며 찾아볼 수 없는 안타까움이 있기도 하다.

음식을 먹고 난 후에 맨 마지막으로 소화하고 남은 찌꺼기는 변으로 나온다. 항문 밖으로 나온 변을 말려 분석해 보면 1/3 정도는 소화하고 남은 음식물 찌꺼기이지만, 1/3 정도는 장에서 떨어져 나온 상피세포 같은 죽은 세포들이라는 점이 의외로 놀랄 만하다. 그보다도 더욱 놀라운 것은 나머지인 1/3 정도가 창자 안에서 살고 있는 세균이라는 점이다. '변의 절반이 세균'이라는 말이 있지만, 대부분의 사람들은 물론이고 미생물을 다루는 사람들조차도 이 말을 쉽게 믿지 못한다. 그렇지만 정말로 우리 몸안에는 상상할 수 없이 많은 미생물들이 살고 있다는 사실을 알고 나면 조금은 이해할 수 있을 것이다. 특히 대장에는 대장균을 비롯하여 많은 유산균들이 들어앉아 제각기 유용한 환경을 유지하고 나름대로 제 몫을 다 하고 있기 때문이다.

몸무게 60kg 정도의 성인 한 사람이 매일 몸밖으로 내보내는 대변의 양은 어림잡아 200ml 정도로 소변의 양보다는 훨씬 적은 양이다. 그런데 대변 가운데 1/3 이상이 세균이라 한다면, 몸안에 들어있는 세균은 매일 대변으로 빠져나가는 양만큼 아니 적어도 그 이상의 양만큼 몸안에서 증식해야만 일정한 균형을 유지할 수 있을 것이다. 하루에 배설하는 200ml 정도의 대변 가운데 1/3이 세균이라면 3일 동안에 200g, 한 달이면 2kg, 일 년이면 약 25kg에 이르는 세균이 우리 몸안에서 증식한다는 것이 아닌가? 미생물이 이렇게 우리 몸안에서 엄청나게 증식한다는 사실은 우리가 미처 상상하기조차 어려울 정도이다. 그나마 좀 다행인 것은 우리 몸무게 변화는 거의 없다는 점이다. 세균들 가운데에서도 대장균과 유산균이 주종을 이루어 몸안에서 증식하고 있지만, 몸안에 들어 있는 만큼 빠져나가고, 바깥으로 빠져나가는 만큼 증식하여 몸안에서는 일정한 균형을 유지하고 있기 때문이다.

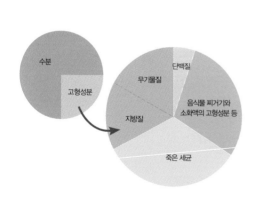

수분
고형성분
단백질
무기물질
음식물 찌거기와
소화액의 고형성분 등
지방질
죽은 세균

: 대변의 구성

매일 밖으로 배출하는 양만큼 미생물이 몸안에서 증식하여 보충한다는 사실은 생각만으로도 놀랍고 신기한 일이다. 도대체 그렇게 많은 세균이 증식한다면 무엇을 원료로 증식하고 또한 실제로 어떠한 환경에서 그러한 재생산이 일어나는지 다시 한번 생각하게 만든다. 세균의 증식에 필요한 원료는 아무래도 사람들이 매일 먹는 음식물일 터이고 몸안이라는 장소가 증식하기에 알맞은 곳이라는 점은 틀림이 없다. 그렇다 하더라도 어떻게 그렇게 많은 양의 미생물이 과연 우리 몸안에서 증식할 수 있겠느냐는 점에 대해서는 아무래도 고개를 갸웃거리게 만든다.

미생물 한 마리가 증식할 수 있는 적당한 환경을 만나면 하루 동안에도 수십 억 마리로 증식한다. 대장균의 경우에 알맞은 조건이라면 20분만에 분열하여 두 배로 늘어나는데 매 20분마다 배로 늘어나는 증식속도는 그야말로 기하급수적이다. 그리고는 매일 증식한 양만큼 빠져나가고 또 빠져나간 양만큼 증식하여 보충하기를 반복하는 것이다. 세균의 증식에 대해서는 조금은 이해한다 하더라도 이제 그렇게 증식하는 이유에 대해서 또 다른 의문이 생긴다. 세균도 사람처럼 한번 태어나면 비교적 오랜 시간 동안 살아있는 것이 효과적이 아닐까라는 의문이다. 아무도 그에 대한 정확한 대답은 할 수가 없다. 다만 생각해 보면 박테리아의 운명이 그렇게 정해진 것이라고밖에는 할 말이 없다. 사실 그것만으로는 턱없이 설명이 부족하다. 좀 더 생각해 보면 박테리아가 살아가는 방법이 그러하다는 것과 그렇게 살아가는 방법 때문에 지구에서의 물질순환에 큰 역할을 맡고 있다고 할 수 있다. 사실 박테리아와 같은 미생물이 물질순환에 중요한 역할을 해주고 있기 때문에 다른 생물들이 안

심하고 살 수 있는 터전이 마련되었다는 사실은 우리가 쉽게 놓치는 부분이다.

하기야 미생물은 우리가 보지 않는 동안에 증식하기 때문에 잘 모른다고 할 수 있다. 그런데 이러한 미생물의 증식과 더불어 새삼 놀랄만한 사실이 하나 더 있다. 지구에서 살고 있는 생명체의 총량으로 본다면 어떤 종류가 주종을 이루고 있겠느냐는 질문에 역시 알쏭달쏭하다. 생물의 세계에서는 식물과 동물이 주종을 이루고 있기 때문에 전체 생물량의 반반을 동물과 식물이 양분하고 있다고 생각할 수 있다. 식물이 전체의 반을 차지할 것이라는 점에 대해서는 이견이 별로 없다. 그렇지만 동물의 경우에는 다시 생각해 보아야 한다. 식물을 먹이로 하는 초식동물의 생물량은 먹이로 섭취한 식물의 1/10 정도만이 초식동물의 생물량으로 남을 뿐이다. 초식동물을 먹이로 하는 육식동물의 경우에도 그에 상응하는 생물량만이 육식동물에 남을 뿐이다. 그렇다면 식물의 생물량을 전체 생물량의 50%로 잡았을 때에 동물의 생물량은 간단히 5~6% 정도에 불과하다는 산술적인 수치가 나온다. 그렇다면 나머지 45% 정도에 해당하는 거대한 생물량을 도대체 어디에서 찾아야 하는 것인가?

학자들은 이러한 의문에 대한 해답을 박테리아에서 찾는다. 원시세균을 포함하여 지구에서 살고 있는 모든 박테리아의 생물량이 전체 생물량의 절반 이상이라는 것이다. 이렇게 많은 양의 박테리아가 우리 주위에 가까이 있다는 사실이 쉽게 믿어지지 않을 것이다. 눈에 보이지 않는 미생물이 이렇게 많이 존재한다는 것이 아무래도 쉽게 믿어지지 않기 때문이다. 우리 몸에서 매일 배출되는 변에도 수많은 미생물이 들어있다는 사실도 조금만 깊이 생각해 보면 이해할 만도 하다. 이렇게 눈에 보이지 않는 미생물의 세계는 상상하기 어려운 또 다른 세상이지만 이들과 함께 이 속에서 우리도 함께 살아가고 있다.

큰창자라고 부르는 대장은 길이가 약 1.5m이고 6cm 정도의 굵기인데, 길이가 6~7m에 이르는 작은창자보다 훨씬 굵기 때문에 큰창자라는 이름을 얻었다. 큰창자 또한 맹장(막창자), 결장(잘룩창자), 직장(곧은창자)의 세 부분으로 나누는데, 이 가운데 결장이 큰창자의 대부분을 차지한다. 사람의 맹장은 짧고 아주 작은 충수가 달려있다. 토끼와 같이 되새김위를 갖추지 못한 초식동물은 기다란 충수를 달고 있으며 이 안에는 식물성 먹이를 발효시킬 수 있는 미생물을 담고 있어 소화에 매우 중요하다.

우리 몸에서 큰창자의 대부분을 차지하는 결장은 수분을 흡수하는 중요한 기능을 가진다. 더욱이 큰창자 안에는 500종이 넘는 많은 종류의

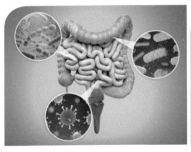

: 장내 세균과 대장균(*Escherichia coli*)의 배양

세균이 살고 있는데, 이들은 오랜 시간을 두고 서로가 적당히 영향을 주고받으며 살아가는 방법을 터득한 채 균형을 이루고 있다. 서로가 다른 성질을 가진 여러 가지 미생물들이 큰창자라는 환경 속에서 제각기 나름대로의 생활방식을 고수하고 있지만, 이들은 서로가 이른바 '세균들의 평형상태'를 유지하고 있다는 말이다. 이러한 세균들 가운데에는 몸에 해로운 물질을 분비하는 종류도 있을 터이지만 다른 미생물들이 해로운 물질을 받아들여 이용하거나 중화시켜 해를 끼치지 않는 상태를 유지시켜 주는 종류들이 대부분이다.

큰창자 안에서 많은 숫자로 증식하며 살고 있는 유산균도 대장균과 함께 중요한 몫을 차지하고 있다. 우리 몸과 장에 도움을 주는 유산균이기에 우리는 요구르트나 김치 등을 먹으며 도움을 받는 것이다. 우리 몸 안에서 장에 탈이 없을 때에는 우리에게 이로운 미생물(세균)들이 균형을 유지하고 있다는 것을 의미하고, 설사나 복통이 나타날 때에는 해로운 균들이 기세를 부리는 것이라고 보아도 된다. 큰창자에 많이 살고 있는 균이라는 뜻의 이름을 가진 '대장균'도 세균의 일종이니 나쁜 것이라고 생각하기 쉽지만, 실제로 대장균은 작은창자에서 내려온 찌꺼기를 분해하여 비타민B, 비타민K, 아미노산 등을 우리 몸에 공급해주는 이로운 세균이다.

우리는 가끔 병으로 고통을 받을 때 세균을 죽이기 위해 항생제를 복용하는 경우가 많다. 많은 병이 병원성 세균에 의해 일어나기 때문이다. 오랫동안 여러 종류의 항생제를 복용하다 보면 비타민 결핍증이 나타나

고, 혈액응고물질 합성에 필요한 비타민K 흡수도 지장을 받아 혈액응고
가 되지 않는 현상도 일어난다. 경우에 따라서는 항생제에 견뎌낼 수 있
는 내성균이 나타나기도 한다. 이러한 현상을 우리는 균교대감염(중복감
염 또는 중감염)superinfection이라고 부른다. 평소에는 병원성이 없던 내성
상재균들이 크게 증가하면서 감염을 일으키는 경우를 종종 볼 수 있다.
예를 들자면 황색포도상구균이나 대장균 등이 항생제를 투여하더라도
죽지 않고 내성을 갖고 살아남아 또 다른 문제를 일으키기도 한다.

　항생제에 대한 내성균의 출현도 새로운 문제를 일으키지만, 더욱이 우
리 몸의 큰창자에서 균형을 이루고 있는 많은 세균들이 속절없이 죽어

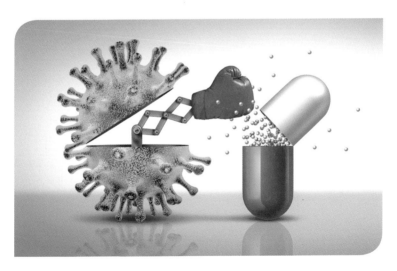

: 항생제 내성균

가 또 다른 문제가 일어나기도 한다. 항생제 영향으로 유산균이나 대장균을 비롯한 많은 세균들이 죽어버리면 항생제에 살아남는 곰팡이나 원생동물이 자리를 차지하게 되고 전과 다른 독소성분이 만들어져 원인을 알 수 없는 고통을 받게 되기도 한다. 이러한 사실을 보더라도 세균이라고 해서 무조건 우리 몸에 해로운 것이라고 생각해서는 안 된다. 유산균이나 대장균이 나름대로 필요한 일을 하기 위해 오래 전부터 그곳에서 자리를 잡고 살고 있는 것이다.

독소에 대한 방어 작용

술에도 분명히 종류가 있는데, 크게 나누어 발효주와 증류주의 두 가지이다. 곡식이나 과일을 원료로 해서 효모를 발효시켜 얻은 알코올 액을 그대로 마시는 것을 발효주라 한다. 대표적인 발효주는 막걸리를 비롯하여 맥주 그리고 포도주를 꼽을 수 있다. 그렇지만 이들 발효주는 알코올 농도가 비교적 낮으므로 알코올 농도를 높이는 증류과정을 거쳐 독한 증류주를 만든다. 증류주라 하더라도 모두가 똑같은 것이 아니다. 증류주를 만드는 과정에서 어떤 발효주를 증류하는지에 따라 그리고 저장과 가공의 정도에 따라서도 맛과 향이 달라지므로 이들의 경제적인 가치 또한 달라지기 마련이다.

술을 만드는 것에서부터 시작하여 언제, 어디서, 어떻게 마시느냐 하는 방법은 물론 술의 이용과 그 효과에 이르기까지 술과 관계하는 모든 과정이 다양한 문화를 만들어냈다. 그렇지만 단 한 가지 술이 갖고 있는 분명한 공통점은 모든 술은 미생물인 효모의 발효에 의해 만들어진다는 점이다. 현대과학과 기술이 크게 발달하였다고는 하지만 인공적으로 술을 합성해내지는 않는다. 술은 사람들이 마시는 음료로 우리의 생활을 즐겁게 해주는 도구이며, 또한 이제까지 사람들이 발전시킨 미생물을 이용한 발효공학 덕분에 화학적으로 합성하는 것보다 훨씬 높은 경제성을 갖추게 되었기 때문이다.

　술이란 즐겁게 그리고 적당히 마시면 몸에 좋은 약이 될 수도 있지만, 그 정도가 지나치다 보면 해가 된다는 것을 누구나 잘 알고 있다. 그런데도 사람들은 그 정도를 스스로 자제하기 어렵다. 누구나 힘들고 괴로

∷ 술, 숙성과 증류

울 때는 술을 찾는 것은 물론이고, 흥겹거나 즐거울 때는 더더욱 많이 마시며, 그러다가 정도를 넘으면 망신살로까지 이어진다. 술에 대한 문화도 시대에 따라 바뀌기 마련이다.

분위기에 따라 술을 마시다 보면 스스로 자제하기 어려워지고 나중에는 몸이 받아들이지 못할 때가 있다. 그때쯤에 이르게 되면 우리 몸은 스스로를 지키기 위한 본능적인 행동을 개시한다. 어떻게 해서든지 해로운 물질을 빨리 바깥으로 배출하려는 생리작용이 바로 그것이다. 위로 올리거나 아래로 내리거나 앞과 뒤를 가리지 않고 몸밖으로 내보내려 애쓴다. 이러한 생리작용은 사람이 식중독에 걸렸을 때에 구토와 설사로 몸을 지키려는 현상과 아주 닮은 것이라고 할 수 있다.

우리 몸은 어떤 이상이 있다고 느끼면 이전과 같은 상태로 돌아가려는 생리적 노력을 기울인다. 일종의 거부반응이나 방어 작용이라고도 할 수 있다. 알코올도 음식물의 하나이기에 몸에서는 일정한 수준까지 받아들이는 것은 허락하더라도 그 이상이 되면 몸은 더 이상 감당할 수 없으므로 어떻게 해서든지 밖으로 내보려는 노력을 기울인다. 그리하여 앞과 뒤의 배설기관을 통해 내보내거나 또는 급하다고 느끼면 들어온 곳으로 되돌려 배출하게 만든다. 알코올만이 아니라 병원균의 감염으로 생성된 독소를 밖으로 내보내려는 몸의 노력도 이와 같은 방어 작용이라고 할 수 있다.

똑같은 생리현상이라 하더라도 식중독에 의한 구토와 설사는 모두가 긍정적으로 받아들이지만, 술 때문에 일어난 올림과 내림은 개인 스스로 책임져야 할 문제라고 모두가 인식하고 있다. 이러한 행동이 어쩔 수 없이 일어나는 생리적인 방어 작용이라고는 하지만, 경우에 따라서는 보는 사람들에게 놀림을 당하거나 스스로도 계면쩍어 어물쩍 넘어가기도 한다. 어쨌든 이러한 행동의 근본적인 이유는 여러 가지로 생각할 수 있지만, 술은 오래 전부터 사람들의 생활 속에서 함께 해온 문화의 증거이기 때문에 일어나는 현상이라는 설명이 지배적이다.

요즈음 우리 주위를 잠시만 둘러보아도 술을 비롯한 모든 문화에 대한 의식이 조금씩 바뀌고 있다. 술을 마시는 사람들의 생각 또한 술을 즐기는 멋보다는 오히려 시간과 돈의 영향에 따라 술을 마시고 있다. 피곤한 몸과 마음을 달래기 위해 마시는 술이라 하더라도 내일 일을 걱정해야 하고 또한 자신과 가족을 생각하여 주머니 사정까지 헤아려본 후에야 비로소 시간적인 여유와 돈에 맞추어 술을 마시게 되는 경향이 크다. 이처럼 술의 문화에 있어서도 경제적인 조건이 술의 종류는 물론 술을 마시는 시간과 장소를 결정하는 기준으로 변해가고 있다.

미국에 경제불황이 닥치면 영화관이 북적이고, 일본에 불황이 오면 책방이 붐빈다고 하는데, IMF 이후 최대의 불황이라고 하던 때에 우리나라에서는 소주에 삼겹살이 잘 팔린다는 가십이 있었다. 물론 나라마다 다른 국민성을 나타내는 것이라 할 수도 있고, 사회와 문화의 차이를 설명해주는 이야기라고 볼 수도 있다. 우리의 술 문화가 가십으로 나올 만큼 우리는 전체적으로 술을 즐기고, 술에 취해 살고 있으며, 술을 가까이 하지 않을 수 없는 분위기라고 느껴진다. 그렇더라도 사회와 문화는 사람이 만들어가는 것이기에 생각에 따라서는 얼마든지 새로운 방향으로 바꿀 수도 있을 것이다.

술을 마시더라도 사람들은 알코올 음료를 어떻게 만들기 시작했으며, 그렇게 만들어진 술이 인간생활에 어떤 영향을 미쳤고, 더 나아가 술이 인간세상에서 문화를 이루고 역사를 만들어간 과정은 어떠했는지 살펴본다면 술을 제대로 이해할 수 있을 것이다. 술을 이해하는 과정을 통해서 자신과 술의 대결에서도 술을 이겨낼 수 있다는 자신감을 얻을 수 있을 것이다. 그러한 생각과 배움을 통해 새로운 정보와 지식을 얻으면 더욱 새로운 문화를 만들 수 있을 것이며, 더 나아가 우리 몸의 건강을 스스로 지켜낼 수도 있을 것이다.

우리 몸이 스스로의 건강을 지켜내기 위한 적극적인 대응방법의 또 다른 예가 설사이다. 상하거나 오염된 음식을 먹으면 일어나는 급성 또

: 식중독

는 만성적인 증상이 바로 식중독이다. 식중독 증세로는 열이 나는 것은 물론 구역질이나 구토 그리고 설사와 복통 등이 나타난다. 식중독이 일어나는 원인은 여러 가지가 있지만, 그 가운데에서도 대부분의 식중독 증세는 미생물에 의해서 일어나고 있다.

세균이나 또는 세균이 만들어낸 독소가 몸속으로 들어가면 열이 나고 구토와 설사 증세가 나타난다. 그것은 우리 몸에서 어떻게 해서든지 해로운 물질을 빨리 몸밖으로 내보려는 생리작용을 일으키기 때문이다. 몸에 들어온 세균이나 독소는 장의 점막을 자극하면서 장운동을 더욱 빠르게 한다. 이에 따라 장에서는 수분을 제대로 흡수하지 못하게 되어 결과적으로 설사를 하게 된다. 따지고 보면 설사는 구토와 마찬가지로 몸 안으로 들어온 세균이나 독소를 빨리 몸밖으로 내보내어 장에서 흡수되지 않도록 만드는 일종의 생리적인 방어 작용인 셈이다.

이렇게 설사가 자연스레 일어나는 방어 작용인 것을 모른 채, 사람들은 설사를 멈추게 하는 지사제를 복용하면서 억지로 막으려 하는데, 그러면 오히려 몸에 무리가 생길 수 있다. 설사 증세는 대체로 하루 이틀 동안 충분한 수분을 섭취하면서 안정하기만 하더라도 쉽게 잡히기 마련이다.

식중독을 일으키는 미생물로는 살모넬라*Salmonella*를 비롯하여 시겔라 *Shiegella*, 장염 비브리오, 웰치균, 병원성 대장균 등이 있는데, 이들 세균들이 직접 감염되어 식중독 증세가 나타나거나 또는 포도상구균이나 보툴리누스균이 만들어내는 독소에 의해 일어나는 경우도 있다. 장마철에 많이 나타나는 세균성 식중독은 음식을 요리하거나 보관하는 과정에서 오염되는 경우가 많다. 따라서 세균감염에 따른 식중독은 음식을 먹기 전에 충분히 가열하여 먹으면 세균이 죽어버리므로 탈이 없다. 그러나 포도상구균 같은 미생물이 만들어낸 독소에 의해 일어나는 식중독은 음식을 충분히 가열하더라도 독소는 없어지지 않으므로 남아 있는 독소가 식중독 증세를 일으킬 수 있다.

세균성 식중독의 대부분을 차지하는 것이 살모넬라균에 의한 경우이다. 이 균에 오염된 음식을 먹고 12~24시간이 지나면 구토와 복통 그리고 설사 증세가 나타나면서 두통과 오한이 뒤따르기도 한다. 이러한 증

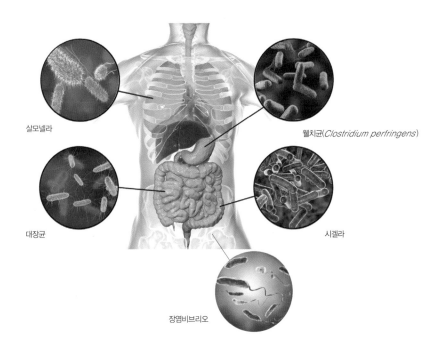

살모넬라

웰치균(*Clostridium perfringens*)

대장균

시겔라

장염비브리오

세는 며칠 동안 계속되다가 그치면서 회복되고, 치사율은 1% 이하여서 심각한 정도는 아니다.

살모넬라균은 보균자의 배설물은 물론이고 개·고양이·돼지·쥐 등의 배설물을 통해서도 전파되므로, 위생적인 방법으로 식품을 취급하고 오염 가능성이 있을 때에는 가열하여 세균을 죽이도록 한다.

보툴리누스 식중독은 보툴리누스균Clostridium botulinum이 식품에 오염되어 생성한 독소botulinus toxin가 중독의 원인이다. 이 독소는 지금까지 알려진 독소 가운데 가장 강한 독성을 가진 것으로 68%의 치사율을 나타내고 있다. 위와 장을 통해 이 독소를 흡수하면 12~24시간 사이에 뇌 조직에까지 이르러 물체가 겹쳐 보이며, 언어장애와 호흡곤란으로 생명을 잃게 된다. 보툴리누스 독소는 일종의 단백질이므로 충분히 가열하면 식중독을 막을 수 있다. 보툴리누스균은 혐기적 상태에서 잘 살 수 있으므로 주로 통조림 식품이나 밀봉 식품에 들어 있는 경우가 많다. 따라서 통조림통이 부풀어 오른 것은 먹지 말고, 혹시라도 의심스러운 식품은

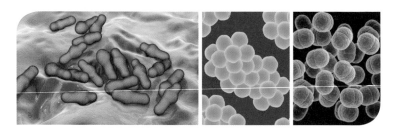

보툴리누스균(*Clostridium botulinum*)과 포도상구균

적어도 15분 이상 가열처리하여 예방하는 것이 좋다.

포도상구균*Staphylococcus aureus*이 식품에 오염되어 만들어낸 독소가 원인이 되는 식중독을 포도상구균 식중독이라 부른다. 황색포도상구균이라고도 불리는 이 균이 만들어낸 독소는 몸에 흡수된 지 두세 시간 안에 증상을 나타내는 것이 특징이다. 대표적인 증세로는 구역질·구토·복통·설사를 보이다가 하루나 이틀 지나면서 회복되며 치사율은 아주 낮은 편이다. 이 세균은 호흡기나 피부에 붙어서 종기나 전염병을 일으키기도 한다.

따라서 사람들이 식품을 취급할 때에 더러운 손으로 함부로 다루거나 기침을 통해서 오염된다면 이 균은 음식물에서 증식하며 독소를 생산할 수 있다. 음식물을 가열처리하면 세균은 죽일 수 있지만, 독소는 열에 강하므로 식중독의 원인이 되기도 한다. 따라서 식중독을 예방하기 위해서는 미생물이 번식하지 못하도록 미리 예방하는 것이 가장 중요하다. 식품은 냉장보관하고, 몸을 깨끗이 하며, 손에 화농이 있는 사람은 조리를 삼가는 등의 예방조처를 해야 한다.

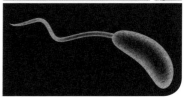

여름철이면 자주 발생하는 비브리오균(Vibrio spp. 패혈증을 일으키는 비브리오균에는 *Vibrio comma, Vibrio. cholera* 등을 비롯한 수십 종이 알려져 있다. spp. 는 여러 종을 뜻한다.)에 의한 패혈증은

: 비브리오 콜레라

비브리오균에 의해 오염된 어패류를 먹고 일어나는 경우가 많다. 따라서 생식을 삼가고, 식품의 가열처리와 저온저장에 유의해야 한다. 회저(壞疽, 회저는 조직의 일부가 썩는 병징으로 의학적 용어로는 괴저라 통용되고 있다.)gangrene 병은 여러 가지가 원인이 되어 일어나지만, 그 가운데 혐기성 세균이 분비하는 독소에 의한 식중독이 널리 알려져 있다. 고기를 실온에 방치하였을 때 혐기성 세균이 재빨리 번식하여 독소를 만들어내므로, 고기를 빨리 처리하여 냉장 보관하는 것이 좋다. 증세는 주로 설사와 복통을 동반하며 가볍게 끝나는 경우가 많아 생명에 위험을 주지는 않는 것이 대부분이다.

대장균은 사람 및 동물의 장 가운데에서도 특히 대장 속에 많이 존재하는 세균이다. 보통 때는 장 속에 평화롭게 살던 대장균이 이따금 우리를 공격해 해로운 독소를 만들어 내거나, 장의 점막에 침입하기도 하고, 단순히 장벽에 달라붙어 설사, 체력저하, 급격한 복통, 혈변을 일으키기도 한다.

그 이유는 모든 대장균이 모두 똑같은 한 종류만 있는 것이 아니라 여러 종류가 있는데, 그 가운데 특별한 종류가 병원성을 나타내기 때문이다. 얼마 전에 미국에서 수입된 쇠고기에서 병원성 대장균인 O-157 : H7이 검출된 데 이어 O-26균도 검출되면서 식품 전반에 걸쳐 국민적인 관심을 불러일으키기도 하였다. 이러한 대장균들은 수백 종류의 서로 다른 대장균 종류 가운데 장출혈성 증상을 일으키는 병원성 대장균이기 때문이다.

우리가 하루도 거르지 않고 먹는 음식과 술의 중요성에 대해서 세계 어느 나라이건 관심을 갖지 않은 나라가 없다. 그리고 어느 나라든지 그 지역에 맞는 음식과 술의 문화가 있기 마련이다. 우리나라 사람들은 건강을 위한 식품이나 약품에 대해 유난히 민감한 반응을 보인다. 건강에 좋은 것이라면 재료가 무엇인가 따져볼 필요 없이 먹어야 한다는 강한 집념을 가진 사람도 있다. 또는 어떤 식품이나 약품이 해롭다는 매스컴의 보도가 있으면 하루아침에 외면해 버리기도 한다.

그러한 가운데에서도 우리나라의 음식문화는 특별한 수준으로 발달해 왔다. 뚜렷한 차이를 나타내는 사계절이 있고, 그에 따라 여러 종류의

: 우리나라의 우수한 고유식품들

음식을 장만할 수 있는 재료가 많으며, 특히 채식을 위주로 하는 우리의 식생활에서 재료의 다양성은 상상을 초월하는 정도이다. 게다가 재료의 다양성과 더불어 발효음식의 발달이 두드러졌기에 우리의 음식문화는 세계에서도 독보적인 경지에 이르렀다고 할 수 있다.

우리나라 사람들이 장출혈을 일으키는 독소인 베로톡신Vero toxin에 특별히 강한 저항성을 나타내는 것도 우리 민족이 오래 전부터 먹어온 김치와 고추 및 마늘을 비롯한 전통적인 음식이 독소를 죽이는 효능을 가지고 있기 때문이라는 설명이 있다. 실제로 고추나 마늘이 항균능력을 가진다는 연구결과가 국내외에서 속속 알려지고 있다. 이와 더불어 예로부터 일본인들은 이질에 걸리면 피설사(赤痢)를 심하게 했지만, 우리나라 사람들은 비교적 가볍게 이겨냈다는 사실도 이러한 설명에 힘을 실어주고 있다. 물론 정확한 내용은 연구가 진행되면 밝혀지겠지만, 우리나라 고유 식품의 우수성과 항균효능에 대한 관계가 최근에 이르러 더욱 각광을 받고 있다. 아마도 우리나라의 음식문화는 우리 몸의 방어 작용과 불가분의 관계를 맺고 있을 것이므로 이에 대한 연구도 활발히 진행되어야 할 것이다.

미생물과 몸의
줄다리기

최근에 이르러 우리나라에서도 말라리아 환자가 매년 발생하고 있다. 우리가 알기로 말라리아는 원래 더운 지방에서만 발생하는 풍토병이기 때문에 우리나라와 같은 온대지방에서는 거의 발생하지 않는 병이었다. 그런데도 해마다 많은 숫자는 아니지만 지속적으로 말라리아가 발생하는 것을 두고 우리나라가 지구 온난화의 영향으로 아열대 기후로 바뀌고 있는 것이 아닌가 내다보고 있다.

말라리아의 다른 이름은 '학질'이라고 하며, 학질모기가 옮긴다. 학질모기 또는 말라리아 모기라 부르는 이 모기의 날개에는 흑백의 무늬가 있고, 앉을 때에는 꽁무니를 쳐드는 습성이 있다. 더운 여름철에는 모기가 많이 발생하는데, 모기가 옮기는 병으로는 말라리아와 뇌염이 널리 알려져 있다. 그런데 이들 병을 옮기는 모기의 종류가 서로 다르므로, 모기가 앉을 때에 꽁무니를 쳐들었느냐 아니냐에 따라 모기 종류를 구별하는 지표로 이용하기도 한다.

말라리아는 2~3일 간격으로 높은 열을 내는 것이 특징이다. 그래서 말라리아는 다른 말로 '3일열'이나 '4일열'이라고 불린다. 고열이 특징인 말라리아는 굳이 따지자면 일반적으로 알려진 병원균에 의한 질병이 아니다. 말라리아의 원인은 플라스모듐*Plasmodium*이라 불리는 말라리아 원충에 의한 병이기 때문이다. 이것은 병원균의 종류로 널리 알려진 박테리아나 바이러스 또는 곰팡이가 아닌 원생동물의 일종이다. 원생동물은 동물이라는 이름이 붙어있지만, 물론 눈으로 볼 수 있는 크기가 아니라 현미경으로 볼 수 있는 아주 작은 크기이다. 그리고 원생동물이 우리 몸에 병을 일으키는 존재이므로 병원체의 한 종류로 보면서 다른 미생물과 함께 다루고 있다.

말라리아에 걸리면 발작적으로 고열이 일어나기 때문에 특히 환자들이 많이 괴로워한다. 사람은 누구나 살다 보면 때때로 어려움과 괴로움을 겪기 마련이다. 가끔씩 괴로운 처지를 간신히 넘기거나 겨우겨우 어려움을 이겨낸 다음에는, 혼이 났던 경우를 비유해서 '학(질)을 떼었다'고 표현한다. 이러한 말처럼 학질로 인한 고통이 얼마나 힘들면 우리말에서 비유하는 뜻으로 자리를 잡았을까. 이리저리 생각을 해보면 학질 환자의 고열

: 말라리아와 뇌염을 옮기는 모기

이 얼마나 힘든 것인지 조금은 이해할 만하다.

자, 이제 많은 사람들이 무서워하는 말라리아의 고열에 대해 잠시 살펴보자. 우리 몸은 항상 일정한 상태를 유지하려고 스스로 노력하고 있다. 그러다가도 몸의 상태가 안 좋으면 열이 나거나 또는 춥고 떨리기까지 한다. 우리 몸에서 열이 나는 것은 어디에선가 일을 하기 때문에 나타나는 현상이라고 보아도 틀림이 없다. 아니 땐 굴뚝에 연기가 날 리 없다고 몸안 어디에선가 이상이 생겼기에 이를 극복하고자 몸안에서 싸움이 일어난 것이라고 생각해도 무리가 없다. 이렇게 열을 내는 것은 몸이 스스로를 지키려는 의지의 표현이라고 볼 때에 몸의 열은 의사가 굳이 치료할 필요가 없다고 말할 수도 있다.

말라리아의 특징인 고열은 말라리아 원충이 핏속으로 나오면서 나타나는 현상이다. 그런데 말라리아 환자에게서 주기적으로 반복되는 열은

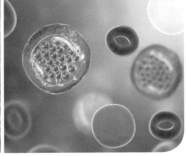

: 말라리아 원충인 플라스모듐 비박스에 감염된 적혈구

도대체 어떠한 효과를 가지는 것일까? 환자의 몸에서 일어나는 고열이 환자에게 도움이 된다고 믿는 의사들이 있다. 더욱이 이들은 환자뿐만 아니라 말라리아 원충도 발열과정에서 이익을 얻는다고 생각한다. 이와 같은 생각은 말라리아 원충들이 적혈구 안에서 그들이 생활주기를 한 가지로 일치시킴으로써 동조효과를 얻는다는 생각에서 비롯되었다.

삼일열 말라리아에서는 이틀마다 그리고 사일열 말라리아에서는 사흘마다 고열이 나타나는 이유는 말라리아 원충이 적혈구 안에서 각각 48시간과 72시간을 주기로 자라나기 때문이다. 주기적으로 나타나는 고열에 대한 그럴듯한 설명으로는 몸안에 들어간 말라리아 원충들이 보조를 맞추어 증식한다고 보는 것이다. 실험결과를 보더라도 놀랍게도 몸 바깥의 적혈구에서 배양되는 말라리아 원충들은 동조를 보이면서 증식하지 않는다.

그렇다면 말라리아 원충의 동조과정은 감염자의 몸과 어울려 상호작용을 한다고밖에 생각할 수 없다. 어떠한 이유인지 정확히 알 수 없지만 말라리아 원충이 스스로 성숙하기 위해서 인체의 일상적인 리듬과 맞추려는 것이라고 보인다. 이러한 규칙성을 갖추려는 의도는 모기가 하루 중에 특정한 시간에 피의 식사를 즐기는 것과도 통한다. 이러한 내부의 리듬이 동조synchronization를 이루면 몸 안에서는 이를 감지하고 열을 발생시킨다는 주장이다. 혼자서 아무리 힘을 써도 꿈쩍하지 않는 바위도 여러 사람이 동시에 힘을 쓰면 쉽게 움직일 수 있다. 이렇게 동조효과를 발휘하면 의외의 결과를 얻을 수도 있다.

많은 숫자의 말라리아 원충이 동시에 적혈구를 용해시킬 때에 열이

나면 증식하는 용해자들에게도 피해를 줄 수 있다. 따라서 이와 같은 발열과정이 일시적이나마 말라리아 원충의 계속되는 증식을 억제하는 효과를 가진다는 것이다. 그러나 새로 태어난 말라리아 원충의 자손들은 또다시 알맞은 조건을 찾아 집단을 이루고 또한 동조하면서 발열의 원인을 만들어낸다. 다시 이틀이나 사흘 뒤에는 용해자인 원충들에 의해서 몸은 다시 열을 내게 되어 동조 과정은 또다시 억제되는 것이다.

말라리아 원충과 사람은 이러한 방법으로 서로의 이익을 위해 열을 이용하였다. 만약에 말라리아 원충이 감염된 이후에 자유롭게 증식한다면 상대방에게는 치명적일 수밖에 없다. 왜냐하면 기생 원충이 성숙하기까지 어느 만큼의 시간이 필요하기 때문이다. 몸에서도 원충의 증식을 억제하기 위해 그 동안에 모든 방법을 동원하기 마련이다. 몸이 동원하는 필요한 방법이라는 것은 열이라는 무기와 비특이적인 면역이라는 방어 메커니즘이다. 이상하게도 이러한 방어 메커니즘은 말라리아 원충의 밀도가 그리 높지 않으면 활발히 이루어지지 않는다. 그리고 동조과정은 어느 정도 열을 피할 수 있는 효과도 가져온다. 이리하여 주기적인 발열 과정은 한편으로는 사람의 몸에도 이익을 가져다주고 다른 한편으로는 말라리아 원충도 살아남을 수 있도록 도와주는 결과를 이끌어낸다.

말라리아 원충의 감염으로 나타나는 발열과정에 대한 설명이 충분한 것은 아니라 할지라도 몇 가지 관찰결과는 그러한 설명이 잘못된 것이라고 말하지는 않는다. 우선 고열이 나타나는 시기는 핏속에 말라리아 원충의 수가 급격히 줄어들 때라는 점이다. 또한 말라리아 원충의 수가 적을 때에 열을 발생시키는 원충 종류는 핏속에서 원충 수를 적게 유지하려는 경향을 보인다. 이러저러한 관찰결과에 따라 발열과 동조의 설명이 많은 설득력을 얻고 있다.

아주 가끔이지만 많은 사람이 모였을 때에 즐기는 놀이로 '줄다리기'를 한다. 튼튼하고 기다란 밧줄을 양쪽에서 편을 갈라 붙잡고, "땅" 하는 신호음에 맞추어 힘껏 당기는 놀이이다. 신호가 울리자마자 양편 사람들은 온 힘을 다해 당기는데, 그 기세는 금방이라도 줄 한가운데가 끊어질 듯한 느낌이다. 그런데 놀라운 일은 그야말로 대책 없이 줄을 당기다보면 누가 시키지도 않았는데 "영차, 영차" 구호를 외치며 파도가 넘실대듯 리듬이 생기는 것이다. 마구잡이로 용을 쓰며 잡아당기는 것보다도 파도가 일렁이듯이 리듬에 맞추어 잡아당기면 놀라운 효과가 나타나는 것을 사람들은 한번쯤은 경험했을 것이다. 이렇게 스스로도 놀랄 만큼 큰 힘을 발휘하는 것이 바로 동조효과이다.

여러 사람이 한 팀을 이루어 물속에서 헤엄치며 규칙적인 몸놀림을 보여주는 경기를 우리는 '싱크로나이즈 스위밍'이라고 부른다. 여럿이 힘을 합쳐 한 순간에 통일된 모습을 보이는 것이 바로 동조현상이다. 이러한 동조효과를 보여주는 줄다리기 경기 모습을 볼 때마다 말라리아에서 나타나는 고열현상이 생각난다. 큰 물결이 일렁이듯이 이쪽저쪽으로 힘의 균형이 쏠리다가 결국에는 한편의 승리로 막을 내린다. 줄다리기에서는 당기는 힘의 리듬을 얼마나 효과적으로 이용하느냐에 따라 힘의 기울기가 달라지는데, 동조효과를 충분히 살리지 못하고 많은 발자국을 떼는 쪽에서 결국은 당기는 힘이 흐트러져 끌려가게 된다.

말라리아 원충과 몸은 열이라는 방법을 이용하여 서로의 힘을 겨루면서도 서로 눈치를 보는 것만 같다. 결판이 나기 전까지는 서로 밀고 당기면서 어느 정도 타협의 기미도 찾아보려는 것처럼 보이지만, 결국에는 어느 한편의 승리로 끝장을 보아야 하는 것이 질병과 몸의 싸움이라 할 수 있다. 그래도 말라리아 원충과 몸은 누가 더 힘이 센가 줄다리기하면서 보여주는 모습은 생각하기에 따라서는 말라리아의 진행과정에서 나타나는 새로운 세계를 볼 수 있도록 해준다. 말라리아의 치료제로 클로로퀴닌이라는 약이 있다. 이 약으로도 치료가 어렵거나 저항성을 가진 말라리아 원충에 감염된 사람이라면 '줄다리기'를 연상시키는 발열과정과 동조효과를 생각하며 희망을 가져도 좋겠다.

　말라리아가 많이 발생하는 더운 지방에서는 오래 전부터 말라리아가 풍토병으로 자리 잡았다. 그러기에 더운 지방에 사는 사람들은 어떤 형태로든지 이겨낼 수 있는 방법을 찾아냈을 것이라는 생각이 떠오른다. 말라리아가 횡행하는 아프리카를 둘러보더라도 말라리아에 더 큰 고통을 받는 사람은 아프리카의 토착민이 아니라 유럽이나 아메리카, 아시아 등의 온대지방에서 간 사람들이다. 워낙 말라리아에 의한 피해가 극심한 지역에서는 어떻게 해서든지 그 피해를 줄이려고 노력하였고, 어쩌다 얻어낸 작은 결과라 하더라도 방법만 있다면 후손에게 물려주었을 것이다.

: 클로로퀴닌의 분자구조

　몇몇 과학자들이 아프리카 사람들과 다른 지역 사람들과의 차이점을 조사해 보았더니 아프리카 사람들의 핏속에는 낫모양(鎌狀) 적혈구의 분포가 다른 지역 사람들보다 훨씬 높았다. 원래 낫모양 적혈구는 사람들에게 빈혈증을 일으키는 원인이 된다. 그리고 이러한 낫모양의 적혈구는 정상적인 적혈구에 돌연변이가 일어난 것으로 '낫모양 적혈구 빈혈증'은 그리 흔하지 않은 유전적인 질병의 하나이다. 그래서 사람들은 이러한 낫모양 적혈구 빈혈증은 도대체 언제, 어디에서, 왜 시작되었을까라는 점에 의문을 갖기 시작하였다. 비록 유전자 변이에 의한 질병이라고는 하지만 이러한 유전자 변이는 스스로 선택한 것인가 아니면 환경에 대한 수렴현상인가라는 것도 궁금하였다. 그리고 왜 낫모양 적혈구 유전자는 지금까지 사라지지 않고 전해지고 있을까? 등등의 여러 가지 의문점에 대해 여러 가지로 조사해보기 시작하였다.

우리 몸안에서 핏줄을 따라 돌아다니는 핏속에는 여러 종류의 세포들이 들어있어 영양분과 산소공급은 물론 면역이라는 중요한 일을 맡고 있다. 핏속에 들어있는 세포 가운데에는 붉은 색을 띠고 있다하여 적혈구(우리말로 붉은피톨이라고도 부른다.)erythrocyte, 또는 red blood cell라 불리는 세포가 있다. 정상적이고 성숙한 이 세포는 핵이 없으며 실제의 색깔은 누르스름하고 가운데가 오목한 원판 모양으로 이른바 도넛 모양을 하고 있다. 그런데 적혈구는 그 안에 포함된 혈색

일반적인 적혈구 낫모양 적혈구

∷ 적혈구의 모양

소 함량에 따라 산소수송이 이루어지면서 색깔도 붉은 색을 띠게 된다.

적혈구 안에 들어있는 단백질 분자인 헤모글로빈hemoglobin은 산소결합 색소로 영양분을 에너지로 바꿀 때에 필요한 산소를 운반해주며 또한 적혈구가 붉은 색을 띠게 한다. 이러한 헤모글로빈의 합성을 지시하는 유전자의 염기 하나가 돌연변이를 일으키면 우리 몸에서는 상당히 심각한 영향이 나타난다. 돌연변이를 일으킨 염기 하나가 헤모글로빈 유전자의 대립유전자(대립유전자를 의미하는 'allele'는 '서로의'라는 뜻의 그리스말에서 유래하였다.)를 만들어 낫모양의 적혈구가 나타나도록 한다. 다시 말하자면 비정상적인 헤모글로빈이 적혈구를 정상적인 도넛 모양 대신에

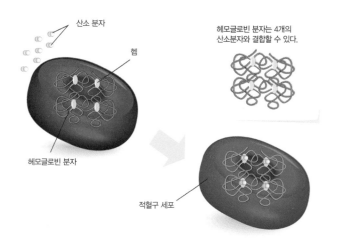

산소 분자

헴

헤모글로빈 분자는 4개의 산소분자와 결합할 수 있다.

헤모글로빈 분자

적혈구 세포

⁚ 헤모글로빈(hemoglobin)

양끝이 뾰쪽한 초승달 모양으로 찌그러뜨린다.

헤모글로빈 유전자로 쌍을 이루는 두 개를 모두 낫모양의 대립유전자로 물려받은 사람은 낫모양의 적혈구를 갖게 되고, 낫모양 적혈구를 가진 사람은 빈혈증은 물론 피로감과 내장 손상으로 심한 고통을 입게 된다. 이러한 증상을 낫모양 적혈구 빈혈증이라 부른다. 그렇지만 헤모글로빈 유전자로 정상적인 대립유전자 하나와 낫모양 대립유전자 하나를 가진 사람은 정상적인 헤모글로빈이 제대로 활동하는 적혈구를 충분히 만들 수 있으므로 거의 정상적인 생활을 할 수 있다.

두 개의 대립유전자가 모두 낫모양 적혈구 대립유전자를 가진 사람이라면 대체로 빈혈증으로 일찍 죽게 되지만, 낫모양 적혈구 대립유전자를 하나만 가지면 말라리아에 대해 어느 정도 보호를 받을 수 있다. 왜냐하면 말라리아를 일으키는 작은 단세포 원생동물인 말라리아 원충은 적혈구 안에 자리 잡고 증식하면서 병을 일으킨다. 그런데 말라리아 원충인 플라스모듐은 낫모양 적혈구에서는 잘 증식하지 않기 때문이다. 따라서 낫모양 적혈구 대립유전자를 하나만 가진 사람은 정상 대립유전자만 가진 사람보다 말라리아에 적게 걸리고 또한 걸리더라도 증상이 비교적 덜하다.

낫모양 적혈구 빈혈증은 인도인, 사우디아라비아인, 지중해 지역 사람들에게서는 자주 발생하지 않지만, 아프리카 계통의 피를 가진 흑인들에게서는 많이 발생한다. 미국에서도 이 병을 앓는 사람들은 거의 대부분 아프리카 계통의 사람들이다. 이 병을 일으키는 원인은 열성 유전자에 의한 것이므로 부모의 양쪽에서 유전자를 물려받아야 비로소 병으로 나타나게 된다. 만약에 이 대립유전자를 부모의 한 쪽에서만 물려받았다면, 그저 낫모양 적혈구 형질을 간직한 상태로 존재할 뿐이다. 물론 이러한 경우에는 아주 희귀한 경우를 제외하고는 빈혈증의 증세를 나타내지 않는다.

낫모양 대립유전자를 하나만 가진 사람들이나 낫모양 적혈구 빈혈증을 선천적으로 갖고 태어나는 아기들은 말라리아가 토착병으로 자리 잡은 아프리카와 중동 그리고 동남아시아 등에서 흔히 볼 수 있다. 마찬가지로 지금은 미국에 살고 있는 아프리카계 흑인에게서는 낫모양 적혈구 대립유전자를 부모로부터 물려받음으로써 조상들이 오래 전부터 고통받았던 말라리아 풍토병에 대해 어느 정도 저항성을 가지는 유전적 흔적이 나타나고 있다.

낫모양 적혈구 빈혈증이 있는 사람은 염기 하나의 변이를 일으킨 유전자가 헤모글로빈 분자를 이루는 잘못된 폴리펩티드를 만들어내고, 이것이 비정상적인 헤모글로빈을 생산하는 것이다. 다시 말해서 바뀐 염기 하나가 만들어낸 다른 아미노산이 헤모글로빈을 이루는 폴리펩티드 사슬에 끼어들어 헤모글로빈의 구조에 변화를 일으킨 것이다. 비정상적인 헤모글로빈 분자들이 덩어리를 이루면서 서로서로 연합해서 막을 당겨주는 구조를 이루게 되는데, 이 과정에서 적혈구 모양이 정상적인 도넛 모양이 아닌 낫모양으로 뒤틀린 것이다. 낫모양으로 형태가 바뀌는 것은 혈액 속에 산소의 양이 줄어들기 때문이다. 낫모양으로 변하는 것은 탈수현상 때처럼 혈액에서 수분이 빠져서 농축되었거나 또는 감염이 일어나서 혈액의 산성도가 증가했을 때에 더 심하게 나타난다.

낫모양 적혈구 빈혈증을 가진 사람은 평소에도 빈혈을 자주 일으키고 그 정도가 심하다. 왜냐하면 낫모양으로 변해버린 적혈구는 자연적으로 모습을 바꿀 수 있는 능력을 잃어버렸기 때문이다. 우리 몸의 피는 핏줄을 따라 돌면서 넓거나 좁은 핏줄을 거치기 마련인데, 이때에 핏속에 들어있는 적혈구는 모양을 탄력적으로 변화시키기 때문에 흐름이 원만하게 유지된다. 그런데 낫모양의 적혈구는 이러한 탄력적인 변화능력이 없어서 좁은 혈관에 이르면 자연스레 흘러가지 못하고 덩어리를 만들어 흐름을 막게 된다. 이렇게 작은 핏줄이 막혀버려 뜻하지 않은 위험이 일어나기도 한다.

핏줄이 막히게 되면 피의 흐름이 더뎌지는 것은 물론 산소의 운반도 줄어들게 된다. 이러한 상태에서는 살을 에는 듯한 극심한 통증이 일어난다. 핏줄이 막힌 상태로 시간이 지나면 통증만 계속되는 것이 아니라, 조직이 죽어가고 뒤이어 뼈가 죽어가고 심지어는 기관까지도 파괴된다. 이렇게 피의 순환이 원활하지 않다면 가장 큰 피해를 입는 곳이 지라spleen이다. 오랫동안 피가 공급되지 않으면 지라의 크기가 줄어들어 청소년기에 이를 때쯤이면 건포도만큼 밖에 되지 않고 물론 기능도 제대로 발휘하지도 못한다. 지라의 기능이 제대로 작용하지 않으면 면역체계의 기능이 뒤떨어

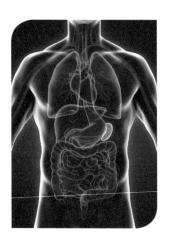

: 지라

져 어떤 균이라도 쉽게 감염을 일으키는 등의 새로운 문제를 일으키게 된다.

낫모양 적혈구 빈혈증으로 고통 받는 사람은 미국에만도 7만 5,000명이 있다고 한다. 물론 질병에 의한 고통은 겪어보지 않은 사람은 잘 모르겠지만, 살을 도려내는 듯한 고통이 언제 다가올지 모르는 일이다. 이러한 상황에서는 한순간이라도 즐겁고 편한 마음으로 세상을 살아간다는 것은 꿈에도 상상하기 어려운 일이다. 수시로 일어나는 통증을 이겨내려면 진통제가 필요한데, 여러 해를 지나는 동안에 진통제에 대한 내성이 생기므로 복용량도 상대적으로 늘어나기 마련이다. 더욱이 낫모양 적혈구 빈혈증 환자의 경우는 움직이며 생활하는 데 필요한 양보다도 훨씬 적은 양의 산소를 공급받게 된다. 이렇게 적은 양의 산소는 성장까지도 약화시키기 마련이다. 대부분의 작고 야윈 체격의 낫모양 적혈구 빈혈증 환자는 통증을 견뎌내고 이기려는 생각에서 쉽게 마약의 유혹에 빠지기도 한다. 그래서 이들은 제대로 보호하지 않는다면 육체는 물론이고 정신적으로까지 큰 고통 속에서 살아가는 경우가 많다.

말라리아는 아직도 전 세계적으로 많은 사람들에게 고통을 주고 있다. 특히 더운 지방의 저개발국가에서는 말라리아의 발병을 억제시키고 그 피해를 줄이고자 많은 노력을 기울이고 있으나, 결과는 그리 만족할 만한 정도가 아니다. 세계보건기구에서도 말라리아의 퇴치를 위해 적극적인 노력을 기울이고 있지만, 말라리아의 예방백신 개발계획은 아직도 갈 길이 멀다. 오랜 동안 인류에게 많은 피해를 끼쳐온 말라리아에 대해

사람들은 그래도 여러 가지 크고 작은 반응을 보이면서 말라리아를 견
뎌내고 이겨내려는 노력을 해왔다. 사람들이 잘 몰랐던 사실이 조금씩
밝혀지는 것을 보면 사람의 몸에 대한 경이로운 생각을 쉽게 떨쳐버릴
수가 없다.

질병과 관련된 대립유전자를 찾아내려는 노력은 종종 노력만으로 그
치지 않고 만약에 질병치료의 범위를 넘어서면 때로는 심각한 사회적인
반향을 일으키기도 한다. 이를테면 낫모양 적혈구 빈혈증도 그 가운데
하나이다. 1970년대 초에 미국정부에서는 범죄자나 흑인 또는 히스패닉
계 사람에게 낫모양 적혈구의 대립유전자가 있는지를 검사받도록 했다.
검사의 명분은 낫모양 적혈구 빈혈증으로 태어나는 아기의 숫자를 줄이
자는 것이었지만, 의학적인 치료는 물론 상담도 충분히 뒤따르지 못했
고, 더욱이 몇 년 동안의 격렬한 반대가 계속된 후에 미국에서는 그러한
일을 당연히 그만두어야 했다. 과학적인 연구의 결과는 분명한 것일지라
도 그것을 바로 사람들에게 적용한다는 것은 여러 가지로 고려해 보아
야 할 것들이 많다. 아무리 훌륭한 연구업적이라 하더라도 사회적인 공
감대가 형성되고 모두가 유익하다는 결론에 이르고 필요한 사람들이 원
할 때에 비로소 가능한 일이다.

유전자 수준에서
보는 방어 작용

'우리 몸안은 기본적으로 균이 없어야 한다. 다시 말해서 미생물이 살지 않아야 한다.' 그렇게 말하면 아! 그런가보다 하면서도 사람들은 고개를 갸웃거리며 선뜻 납득하지 못한다. 우리 몸에서 외부와 연결된 눈, 코, 입, 귀 등에서는 부단히 외부로부터 미생물들이 줄곧 드나들고 있기 때문이다. 조금 더 나아가 숨을 쉬는 데 필요한 호흡기관과 먹은 음식물을 소화시키는 소화기관 그리고 찌꺼기를 내보내는 배설기관 가운데 어느 곳도 미생물과 접촉하지 않고는 살 수 없는데 무슨 말인가 반문하게 된다. 그러나 조금만 자세히 따져보고 살펴보면 금방 이해할 수 있을 것이다.

우리 몸이라고 하더라도 호흡기, 소화기, 배설기는 외부와 연결되어 있으므로 언제든지 미생물들이 쉽게 드나들 수 있고, 더욱이 이들 기관

안에서 많은 미생물들이 이미 자리를 차지해서 살아가고 있다. 그러나 이들 기관은 어디까지나 외부와 연결된 기관이고 진정한 내부라고 할 수는 없다. 진정한 내부라면 바깥과 연결되지 않은 조직이나 세포 안을 말하기 때문이다. 이러한 세포나 조직 안에 다른 미생물들이 살고 있다면 그것은 원래부터 함께 살았던 것이 아니라 외부로부터 미생물들이 끼어 들어와 자리를 차지한 것이라고 보아야 한다. 이러한 미생물들은 대부분 세포나 조직 안으로 감염된 병원균인 경우가 많다. 생명활동의 기본이 되는 세포는 외부로부터 특이한 물질이나 미생물이 들어오는 것을 허락하지 않는다. 그러기에 우리 몸의 진정한 내부에서는 무균상태가 유지되는 것이다.

만약에 외부로부터 이상한 물질이나 미생물들이 들어오려고 한다면 몸은 어떻게 해서든지 이들이 들어오지 못하게 막거나 그래도 들어왔다면 이들을 없애려는 노력을 기울인다. 이러한 모든 과정이 몸의 방어 작용이며 다른 말로 표현한다면 면역반응이다. 모든 생물은 외부로부터 영양분을 받아들이는 체계가 마련되어 있지만, 이러한 체계를 통해 필요하지 않은 물질이 들어올 때에는 거부반응이라도 일으켜 받아들이려 하지 않는다. 고등생물이라 하더라도 식물은 순환계가 잘 발달되지 않았으므로, 식물체 안에서 물질의 이동은 가능하지만 효과적인 방어체계가 마련되어 있지 않다. 한편 식물과 달리 동물의 몸에는 순환계가 잘 발달되어 있으므로 외부 이물질의 침입에 대한 방어 작용이 잘 갖추어져 있다. 더욱이 고등동물의 경우에는 면역반응이라는 아주 특이한 방어체계를 마련하고 있다.

눈에 보이지 않은 작은 크기의 미생물은 자연 속에 존재하는 생명체로서의 중요한 특성을 가지고 있지만, 우리에게는 병을 일으키는 원인균으로 더 잘 알려져 있다. 아주 옛날부터 병으로 고통 받던 사람들은 어떻게 해서든지 질병의 고통으로부터 벗어날 수 있는 방도를 강구하였다. 우선 병의 원인이 무엇인지 찾아내는 것이 중요하였고, 병의 원인을 알고 난 후에는 어떻게 병의 원인을 제거할 수 있는가라는 문제에 골몰하였다. 또한 많은 병의 원인이 미생물로부터 비롯된다는 사실을 알고 난 후에는 미생물의 특별한 성질을 이해하고자 노력하였다. 이러한 모든 결과를 바탕으로 질병의 고통에서 벗어나고자 많은 노력을 기울여 제법 많은 성공을 거두기도 하였다. 그뿐만 아니라 우리의 몸에는 이들 병원균으로부터 스스로 몸을 지키려는 노력이 있다는 사실을 알고서 더욱 놀라움을 금치 못하였다.

이제 우리는 여기에서 우리 몸안에서 일어나고 있는 독특한 방어 작용인 면역체계가 어떤 것인지 잠깐 살펴보기로 하자. 우리는 가끔 우스갯소리로 먹는 음식물 안에는 많은 미생물들이 들어있으니 이들을 깨뜨릴 수 있을 만큼 꼭꼭 씹어 먹으라고 권한다. 아무리 맷돌처럼 생긴 어금니라 하더라도 눈에 보이지도 않을 만큼 작은 크기의 미생물을 깨트릴 수 있을 정도로 꼭꼭 씹을 수는 없을 것이다. 미생물은 음식물에 섞여 어쩔 수 없이 입안으로 들어왔다가 목구멍을 넘어 삼켜지면서 어느 틈에 우리 몸안으로 들어가게 된다. 다른 경우에는 살갗이나 또는 다른 부분의 상처를 통해 미생물들이 들어가기도 한다. 이렇게 해서 몸안으로 들어간 미생물이 병원균인 경우에는 우리 몸안에서 증식하고 병을 일으켜 피해를 준다.

아무리 작은 크기의 미생물이라 하더라도 우리 몸안에서 이물질이라고 판단하면 미생물의 겉껍질을 터트려 분해시키거나 아니면 세포 안으로 빨아들여 소화시키는 등의 방법으로 깨끗이 제거시킨다. 우리 몸안에는 아메바처럼 몸의 일부가 늘어나 목표 미생물을 감싸 안아 끌어들인 다음 소화시켜 없애는 세포도 있다. 이러한 일을 하는 세포를 우리는 식세포(食細胞)phagocyte라 부른다. 우리 몸의 모든 부분을 돌고 있는 핏속에는 이러한 이물질을 제거할 수 있는 능력을 가진 세포들이 많이 있는데, 우리가 흰피톨이라고도 부르는 백혈구가 바로 이들이다.

우리 몸안에서 구석구석을 돌고 있는 피는 몸의 안전과 구원활동의 한 가운데에서 가장 중요한 역할을 한다. 만약에 우리 몸이 어느 한 곳이라도 잘못되었을 때에는 온몸을 도는 피를 통해 잘못되었다는 신호를

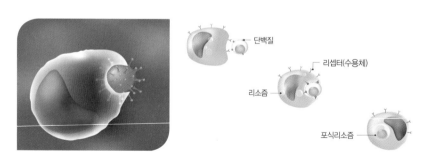

: 식세포(phagocyte), 그리고 백혈구와 바이러스

전달해주고 그러한 잘못을 바로잡기 위한 수단을 이동시키는 통로로 핏
줄을 이용하며, 또한 시간에 맞추어 필요한 모든 노력을 기울인다. 잘못
을 바로잡는 대표적인 경우가 바로 이물질과 싸우는 것인데, 이러한 일
은 주로 백혈구에 의해서 이루어진다. 백혈구는 적혈구나 혈소판처럼 골
수의 줄기세포에서 만들어진 다음에 모세혈관을 빠져나와 조직 안에서
활동한다. 백혈구는 평소에는 평온한 상태를 유지하고자 힘쓰지만, 외부
에서 들어온 이물질과 마주치면 이들을 파괴하는 데 강력한 힘을 발휘
한다. 백혈구가 마주치는 이물질이라는 것은 바로 박테리아, 바이러스,
곰팡이 등의 병원균을 말한다.

백혈구의 종류에는 과립백혈구, 단핵백혈구 그리고 림프구가 있다. 적

∴ 백혈구

혈구의 두 배 정도 크기인 과립백혈구는 세포질 모양이 알갱이처럼 보이는 과립이기 때문에 붙여진 이름이다. 과립백혈구는 과립이 색소에 따라 달리 나타나는 반응 색깔로 다시 호중성 백혈구, 호산성 백혈구, 호염기성 백혈구의 세 가지로 구분한다. 이 가운데 가장 흔한 것이 호중성 백혈구로 전체 백혈구의 60%에 이른다. 호중성 백혈구는 피의 순환에 따라 온몸을 돌지만, 모세혈관을 떠나 아메바 운동으로 짧은 거리를 나아갈 수도 있다. 상처가 났거나 감염된 조직에서 나오는 화학물질에 이끌려간 호중성 백혈구는 일단 활동을 개시하면 박테리아는 물론 다른 어떤 침략자라도 거침없이 삼켜버린다. 게다가 과립 안에는 소화효소가 들어있어 어느 것이든 살았거나 죽었거나 가리지 않고 파괴시켜 버린다. 호중성 백혈구처럼 섭취와 소화를 할 수 있는 세포를 식세포라고 부르고 그러한 활동을 식작용phagocytosis이라 부른다. 백혈구의 3%에 불과한 호산성 백혈구와 호알칼리성 백혈구도 식작용을 하지만 그 범위는 좁은 편이고, 특별히 호산성 백혈구는 기생충과 알레르기 반응을 줄이는 데 효과적이다. 골수에는 핏속에 있는 것보다 열두 배나 많은 과립백혈구가 있어서 필요하면 언제든지 피로 내보낼 수 있다. 그래서 몸이 아플 때에는 항상 백혈구의 양이 많은 이유를 알 수 있다.

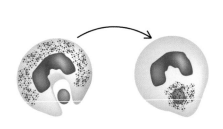

: **백혈구의 식작용**(phagocytosis)

단핵백혈구는 적혈구의 세 배 정도로 크지만 백혈

구의 7%를 차지한다. 이 역시 식작용을 하는 것은 마찬가지이다. 골수를 떠나 순환하다가 분열을 계속하여 대식세포가 된다. 대식세포는 피와 조직 속에서 낡은 적혈구를 섭취하는 것이 주된 임무이다. 과립백혈구의 수명은 몇 시간에 불과할 정도로 짧지만, 대식세포는 75일이나 살 수 있다. 따라서 왕성한 식작용 능력과 오랜 수명을 바탕으로 몸안에서 청소부 역할을 톡톡히 해낸다. 예를 들자면 호중성 백혈구보다도 나중에 감염부위에 도착하여 그곳을 깨끗이 청소해 준다.

한편 림프구는 우리 몸에서 또 다른 중요한 역할을 하고 있다. 우리 몸의 세포 100개 가운데 하나가 림프구일 정도로 수가 많고 그들의 책임도 그에 걸맞게 막중하다. 림프구에도 두 가지가 있는데, T림프구와 B림프구가 바로 그들이다. 줄기세포에서 만들어진 채 완전히 성숙하지 않은 림프구는 골수에서 나와 피를 따라 돌다가 몸의 조직 틈새로 스며들게 된다. 이 가운데 절반정도는 가슴뼈와 심장 사이 앞가슴에 있는 가슴샘thymus에 모여 휴식을 취하다가 그곳에서 분열하고 성숙한다. 그래서 이들을 T림프구 또는 T세포라 부른다. 나머지 절반 정도의 림프구는 다른 곳에서 성숙되어 B림프구(B세포)로 분화된다. 림프구가 충분히 성숙될 때쯤이면 네 개의 림프구 가운데 하나 정도는 B림프구이고 세 개 정도는 T림프구가 될 만큼 T림프구가 더 많다. T림

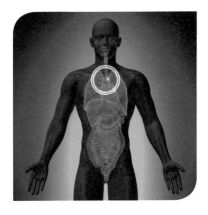

가슴샘(thymus)

프구 가운데 T4 또는 CD4라고 알려진 종류는 에이즈의 원인 바이러스인 HIV에 의해서 파괴되므로 우리 몸의 면역체계가 완전히 유지되기 어렵다. 따라서 이러한 증상을 후천성 면역결핍증Acquired Immuno –deficiency Syndrome이라 하며 줄여서 에이즈AIDS라 부른다.

그렇다면 림프구의 두 종류인 T림프구와 B림프구가 어떠한 역할을 하는지 살펴보자. 모든 세포는 제각기 다른 세포들과 구분되는 단백질을 표면에 갖고 있으므로 세포들은 서로 다르다는 특별한 표시를 한다. T림프구나 B림프구는 성숙하면서 세포막에 있는 다른 종류의 단백질 분자를 인식할 수 있는 능력을 갖추게 된다. 이렇게 서로 다른 단백질 분자를 상대적인 분자로 인식하는 과정에서 이러한 분자들이 바로 항원antigen으로 인식되고, T림프구와 B림프구가 항원에 대해서 서로 다른 반응을 나타내는 것이다.

B세포는 비교적 우리에게 널리 알려진 항체antibody라는 단백질을 만들어낸다. 항체는 말 그대로 '대항하는 몸'이란 의미를 가진, 면역글로불린이라 불리는 감마글로불린 단백질이다. 항체도 세포가 만들어내는 단백질의 한 종류이므로, 다른 종류의 단백질이 만들어지는 것처럼 B세포 안에서 활성화된 유전인자의 통제를 받기 마련이다. 항체는 면역이라는 아주 특별한 방어 작용에 이용되는 단백질인 만큼,

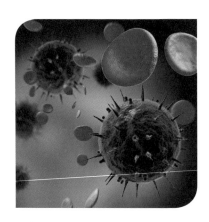
: 에이즈(HIV바이러스)

하나의 B세포는 단지 한 종류의 항체만 만들어내는 특별한 과정을 따른
다. 따라서 각각의 항체는 한 종류의 항원에만 반응한다.

　하나의 항원이 B세포와 접촉하면 B세포는 혈장세포로 분열되면서 짧
은 시간 동안에 수많은 항체분자를 효율적으로 생산해낸다. 이렇게 만들
어진 항체분자가 특정한 항원에 달라붙으면 대식세포가 이들을 처리한
다. 경우에 따라서는 보체complement라는 단백질이 항원을 둘러싸기도 하
는데, 그 다음에 보체는 식작용을 유도하거나 항원의 세포막을 용해시키
기도 한다. 이렇게 B세포의 활동에 의한 방어 작용을 '체액성 면역'이라
부르고, 이러한 과정은 주로 박테리아나 세포 안으로 들어가지 않은 바

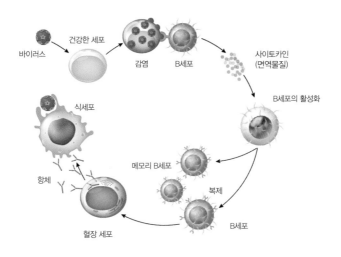

B림프구의 활성화

이러스 입자에 작용한다.

　T세포는 이와 달리 '세포성 면역'에서 주된 역할을 하는데, 이미 세포 안으로 침입하여 항체가 작용할 수 없는 바이러스에 대해 효과적으로 대처한다. 바이러스가 세포에 침입하면서 세포막에 있는 표지 단백질과 합쳐지는데, 세포 독성 T세포나 킬러 T세포들이 이러한 표지를 인식하고 바이러스가 침입한 세포에 달라붙는다. 그런 다음에 킬러 T세포는 구멍을 내는 단백질을 분비하여 이물질이나 감염된 세포를 파괴시킨다. 다른 종류의 T세포는 면역과정의 여러 단계에서 협력자로 또는 억제자로서 독특한 역할을 한다.

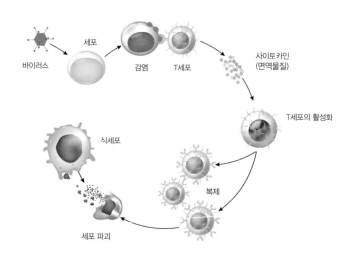

∷ T림프구의 활성화

대표적인 예를 들자면, T세포는 B세포의 반응을 촉진시켜 항체생산을 증가시키는 것이다. 이와 반대작용으로는 외부침입자의 공격이 사라지면 면역반응이 느려지게 하는 물질을 분비하기도 한다. 특별한 경우로는 면역기억세포 기능을 마련하기도 한다. 기억세포들은 감염되었을 때에 만들어졌지만 미처 사용되지 않은 B세포와 T세포들로서 피와 함께 돌아다니다가 몇 십 년이 지난 후에라도 예전과 같은 항원이 몸안에 들어오면 그야말로 기억을 되살려 바로 면역작용이 일어나도록 한다. 천연두나 수두 같은 바이러스 질병에 두 번 다시 걸리지 않는 것은 바로 이와 같은 면역기억세포 때문이다.

우리 몸에서 일어나는 방어 작용은 앞에서 언급한 한두 가지 내용만이 전부가 아니다. 고등동물의 몸에는 온몸을 구석구석 돌고 있는 순환계를 이용하여 외부 침입자로부터 스스로를 지켜내려는 부단한 노력이 일어나고 있다. 특별히 분화된 B세포나 T세포를 이용하여 독특한 면역단백질을 생산하는 체계를 갖추고 있는데, 이러한 면역체계를 우리는 '특이적인 면역'이라고 부른다. 다시 말해서 하나의 항원에 대해서는 특정한 항체가 반응하는데 이 반응이 바로 특이적인 반응인 셈이다. 하도 많아서 간단히 헤아릴 수 없는 여러 종류의 항원에 대해서 거기에 딱 들어맞는 단 한 가지 항체만 만들어낼 수 있는 체계는 바로 유전자라는 특별한 구조를 갖추었기 때문에 가능한 일이다.

우리 몸안에는 몸의 각 부분을 돌아다니는 피를 이용한 특별한 면역체계를 구축하고 있다. 고등동물이 아닌 하등동물에 속하는 곤충이라 하더라도 나름대로의 방어체계를 갖추고 있다. 곤충의 몸은 완전한 순환계를 갖추지 못하여 모든 체액이 뒤범벅인 것처럼 보이지만, 그들의 몸안에는 외부 침입자를 파괴시킬 수 있는 능력을 가진 세포들이 들어있다. 특이적 반응을 하는 항체가 아니더라도, 외부 침입자나 이물질을 잡아먹어 소화시키는 방법으로 필요 없는 물질을 제거시키는 것이다. 비록 그것이 비특이적인 방어 작용이라 하더라도 자신에게는 충분한 방어체계를 구축하고 그것을 효과적으로 이용하는 셈이다. 우리는 이러한 방어체계를 '비특이적 면역'이라고 부른다. 이른바 아메바성 식작용이 비특이적 면역의 대표자 격이다. 그리고 순환계를 가지지 못한 식물이라 하더라도 전혀 방어체계를 구축하지 못한 것은 아니다. 나무나 풀이 부러지거나 꺾어지는 등의 상처를 입으면 새로운 세포들이 자라나 아픈 곳을 감싸 안는 것처럼 치료하는 모습을 볼 수 있다. 물론 우리 피부에 흉터가 남는 것처럼 흔적이 남기는 하지만, 스스로 잘못된 부분을 치료하듯이 그런 대로 마무리하는 모습을 찾아볼 수 있다.

오랜 시간을 두고 살아남은 생명체들은 특정한 질병에 대해 효과적으로 대처하는 방법을 터득하여 유전

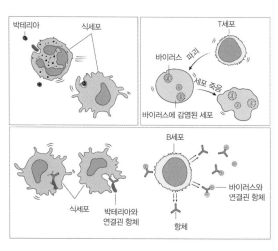

: 식작용(특이적 면역), 아메바성 식작용(비특이적 면역)

자 형태로 고정시켜 후손에게 물려주기도 하였다. 우리는 그러한 사례를 과학의 발전에 힘입어 우리 몸에서도 찾아볼 수 있다. 이미 '대립유전 자' 장에서 살펴본 내용이지만, 아프리카 흑인들을 말라리아로부터 보호해주려는 낫모양 적혈구 빈혈증 유전자의 경우를 하나의 대표적인 예로 생각해볼 수 있다. 또 다른 예로는 아메리카 대륙을 정복한 유럽 사람들에게서 나타나는 '면역 방패'를 찾아볼 수 있다. 홍역이나 천연두 같은 질병에 대한 면역이 유럽 사람들에서는 원주민들보다도 상대적으로 강했기 때문에, 수적인 열세를 극복하고 원주민들을 지배할 수 있었던 원인을 제공했던 것이다.

질병에 대한 저항력이라는 이러한 유전적인 유산은 5,000년 전쯤에 시작되었지만 크게 발전하지 못하고 그대로 지속되다가 지난 1,000년 동안에 이르러서야 비로소 최고로 발달한 것으로 보인다. 새로운 질병에 대한 면역성이 생기는 과정을 홍역의 예에서 살펴보자. 홍역은 오래 전

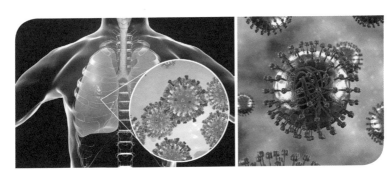

: 홍역 바이러스

부터 사람들이 가축으로 기르는 소에게 일어나던 우역(牛疫)이 인간에게 전염되어 발병한다. 사람들이 밀집해서 모여 사는 도시와 같은 환경 탓에 홍역은 무섭게 번져 나갔고 많은 사람들이 떼죽음을 당했다. 사람들은 갑자기 들이닥친 전혀 새로운 홍역 바이러스에 대해 유전적인 저항력을 갖추지 못했기에 속수무책으로 당할 수밖에 없었다. 그런 동안에 새로운 질병에 대한 유효적절한 방어수단으로 유전자를 이용한 면역시스템을 갖출 수 있었던 사람들만 운 좋게 살아남을 수 있었다. 이렇게 해서 방어체계에 이용되었던 유전자들은 다음 세대에 확실히 전해졌고, 그러한 결과가 역사에 커다란 흔적을 남겨 놓았다.

유전자 수준에서 볼 수 있는 면역이라는 방어체계는 아메리카 대륙에 상륙한 스페인 정복군들과 뒤이어 신대륙에 들어간 식민지 이주자들에게 가장 중요한 무기가 되었다. 지금도 사람들은 새로운 질병에 노출된 상태이지만, 스스로를 지키려는 노력에 따른 유전자의 획득이 우리도 모르는 사이에 일어나고 있다. 그리고 새로운 질병에 대한 희생과 극복이라는 주제는 언젠가 또 다른 세계의 역사를 쓰기 위한 준비를 하고 있는지도 모르겠다.

질병을 앓은 뒤
몸은 어떻게 변하는가

예, 저는 잘 지내고 있습니다.

태풍 피해도 없고요. 집, 처가 두루두루…

하지만 무지막지하게 속수무책으로 태풍 피해가 크더군요.

선생님께선 그나마 그 어수선하고 무자비한 현장의 끄트머리라도 보셨네요.

전 텔레비전을 통해서만 봤습니다.

그래서인지 그만큼 현실감이 떨어지는 것 같습니다.

이상은 태풍(颱風)typhoon '매미'가 지나간 후에 제자가 보내온 편지글의 일부이다. 우리 생활에서 태풍이 어느 사이엔가 슬며시 서로의 안부를 묻는 인사말이 되어 버렸다. 태풍은 분명히 자연현상의 하나이지만,

그에 대한 피해를 예방하고 대비하는 자세는 우리 사람들의 몫이다. 따라서 태풍은 천재(天災)라고 하더라도 태풍의 피해는 인재(人災)라고 생각할 수 있다. 그러므로 태풍에 적극적으로 대비해 피해를 줄이자는 말이 결코 허튼소리가 아니다.

최근 들어 태풍의 피해는 해마다 늘어가고 있다. 매년 빠지지 않고 우리나라를 찾아오는 태풍이 야속하기 짝이 없지만, 태풍에 대비하는 우리의 자세에는 허점이 너무나 많아 보인다. 2000년대에 들어서도 우리나라에 큰 피해를 준 태풍은 여러 개를 꼽을 수 있다. 2001년 '라마순'에 이어 2002년 '루사' 그리고 2003년에는 '매미'라는 이름의 태풍이 그야말로 해마다 쉬지 않고 우리나라를 찾아와 큰 피해를 입히고 지나갔다. 2012년에는 '블라벤'과 '산바'라는 이름의 2개 태풍이 불과 한 달도 지나지 않은 시간에 우리나라에 불어와 곳곳에 큰 피해를 입히고 지나갔다. 그렇다면 내년에는 물론 그 다음해에도 어김없이 또 다른 태풍이 찾아올 것이 아닌가.

추석 연휴에 우리나라를 찾아온 그야말로 반갑지 않은 손님인 태풍 '매미'는 1959년 우리나라를 강타한 '사라'보다도 위력이 더 큰 태풍이었다고 한다. 어쨌거나 태풍 '매미'는 남해안 사천지방에 상륙하여 포항 위쪽의 동해로 빠져나가면서 하룻밤 사이에 그야말로 영남과 강원지방까지 엄청난 피해를 남기고 지나갔다. 그러나 무엇보다도 더욱 가슴 아픈 이야기는 그보다 전 해에 지나간 태풍 루사의 피해복구가 완전히 마무리되지도 않은 지역에 또다시 태풍이 불어와 같은 피해가 반복되었다는 점이다. 나는 경북이 고향인 한 학생이 작년 복구공사가 마무리되지 않은 사이에 이번 태풍으로 더 큰 피해를 입었다고 하면서 주말마다 몇 주째 어르신밖에 없는 집에 가서 복구작업을 하고 다시 학교에 오는 것을 보았다. 요즈음 농촌에는 일을 할 수 있는 젊은 사람들의 수가 절대적으로 부족하여 피해를 복구하는 작업에도 어려움이 많다고 한다. 이러한 일은 모두 사회적인 현상이지만, 자연 속에서 드러나지 않는 태풍의 피해도 따지고 보면 여러 가지가 있을 것이다.

태풍은 서태평양 지역에서 발생하는 열대저기압이 편동풍을 따라 올라오면서 생기며 중심 부근 풍속이 초속 33m 이상인 것을 말한다. 그렇지만 우리나라와 일본에서는 초속 17m 이상인 열대저기압 모두를 태풍이라고 말한다. 이 속도는 각각 시속 119km와 61km에 해당하니 고속도로를 빠르게 달리거나 국도를 달리는 자동차의 속도와 맞먹는다. 그러나 모든 길은 직선이 아니라 구부려져 있기에 아무리 자동차를 몰고 빠

⁞ 태풍

르게 달린다 하더라도 태풍을 피해가기는 힘들다는 얘기이다. 우리나라에 큰 피해를 남기고 간 태풍 '매미'는 순간 최대풍속이 초속 60m를 기록하였는데, 이 수치는 우리나라에 기상청이 설립되어 풍속을 잰 이래 가장 빠른 속도였다고 한다. 시속으로 바꾸어보면 216km에 해당하니 이는 경주용 자동차나 고속전철 아니면 비행기의 속도와 맞먹는 빠르기이다.

태풍의 경로는 대부분이 동남아 해상에서 크게 발달하여 오키나와 근처를 지나 중국 남부 해안을 따라 올라오다가 중국으로 빠져나가 사라진다. 태풍은 매년 20개 이상이 발생하는데, 그 가운데 서너 개 정도는 항상 우리나라를 스쳐가거나 통과하면서 큰 피해를 남긴다. 그래서 세계기상기구World Meteorological Organization, WMO에서는 태풍이 지나가는 나라에서 제출한 이름을 돌려가며 태풍의 이름을 붙이는데, '매미'는 북한에서 제출한 이름으로 여름 곤충인 매미를 일컫는 순수한 우리말이었다. 한여름에 시원한 울음소리를 선사하는 매미가 우리에게 큰 피해를 주고 날아간 것이 이름보다도 훨씬 매운 맛을 남기고 간 것만 같다.

원자폭탄보다도 더 큰 위력을 가진 태풍이 한반도를 직접 강타할 경우에는 방파제나 축대붕괴는 물론 산사태나 침수피해로 막대한 피해를 입힌다. 태풍이 지나간 자리에는 여러 가지 크고 작은 피해와 흔적이 남기 마련이다. 제방이 무너져 넓은 면적의 논이 물에 잠기거나, 밭작물이나 과수의 가지가 부러지거나 꺾이고, 도로가 끊기거나 집이 무너져 인명피해까지도 발생한다. 천재지변은 언제 어떻게 닥쳐올 것인지 정확히 모르는 경우가 많지만, 태풍의 경우에는 기상관측 자료를 바탕으로 진로와 강도를 얼마간 예상할 수 있다. 그러나 태풍에 의한 피해는 겪어보지 못한 사람들은 좀처럼 이해하기 어렵다.

강풍과 폭우를 동반한 태풍 '매미'가 경남 사천에 상륙해서 동해안으로 빠져나가는 동안, 태풍의 위력을 경험한 사람들은 한결같이 난생 처음 겪어보는 바람과 비였다고 이야기한다. 마당 집은 물론 고층아파트에 사는 사람들의 공포감은 오히려 더했을 것이다. 베란다의 창문이 흔들리는 정도가 아니라 떨어져나갈 듯이 몸부림치고, 결국에는 유리가 깨지면서 베란다는 아수라장으로 변해 버렸다. 집밖에서의 피해는 더욱 심했는데, 비바람에 나뭇가지가 휘어져 결국에는 부러지고, 바람에 날릴만한 쓰레기는 모두 어지럽게 나뒹굴었다. 나무만 아니라 전신주도 바람에 넘어가 여러 곳에서 전기가 끊기고 물도 나오지 않았다. 반시간 정도 지난 다음에 전기는 다시 들어왔지만, 물은 아침이 되어서야 겨우 나오는 것을 보았다. 이런 정도의 경험은 피해도 아니라고 말한다. 길이 막히고 전기가 끊어진 산간마을에서는 오랫동안 말할 수 없는 고통이 뒤따랐다.

새벽녘에 일이 있어 서둘러 집을 나서다보니, 태풍이 지나간 시가지는 마치 전쟁터를 방불케 했다. 가로수 나뭇가지가 찢겨져 널브러져 있었고, 길바닥에는 어디에서 날아온 것인지 모르는 쓰레기들이 나뒹굴고 있었다. 심지어 비바람에 씻겨 내려온 흙과 모래가 길바닥을 덮고 있었으며, 자동차들이 지나간 자국을 따라 두 줄로 까만색의 아스팔트만 드러나 보이는 것이었다. 난생 처음 보게 된 이러한 풍경으로부터 나는 태풍이 할퀴고 간 흔적의 끄트머리를 보았던 셈이었다. 날이 밝아지면서 피해가 구체적으로 드러나는 과정에서 내가 보았던 거리의 풍경은 그야말로 지극히 일부분에 불과한 것이었다. 사람이 죽고, 산이 무너지고, 집이 부서지고, 나무가 넘어지고, 들판이 물에 잠기는 등의 어마어마한 피해가 일어났던 것이었다.

식구와 친지, 그리고 이웃이 죽어가고, 졸지에 집과 터전을 빼앗겨버린 사람들이지만 그래도 다시 살아가기 위해서는 아픈 마음을 추스르며 어떻게 해서든지 예전의 상태로 살림을 돌려놓으려고 힘든 노력을 기울인다. 무너져버린 집터에서 당장 쓸 만한 가재도구와 먹을거리를 챙겨야 하겠지만 애간장이 녹아 일이 손에 잡힐 리가 없다. 그래도 시간이 흐르면서 태풍이 할퀴고 지나간 피해와 흔적을 복구하는 일손은 조금씩 바빠질 수밖에 없다. 해야 할 일은 산더미처럼 쌓여 있는데, 무엇부터 해야 할지 생각조차 나지 않는다. 그렇지만 내 몸 건사하는 것에서부터 숨 쉴 공간을 마련하고 무엇이든지 먹고 힘을 내 집 안팎을 살펴보아야 한다.

태풍이 지나간 뒤에는 여러 가지가 온통 뒤죽박죽이다. 집안이 엉망인 것은 당연한 일이고, 비바람에 휩쓸려 물에 잠겼거나 누워버린 농작물은 보기에도 안타깝다. 작물도 생명이고 우리를 위해 먹거리를 마련해주는 것이기도 하다. 더욱이 얼마나 정성을 다해 가꾸어온 생명체들인가를 생각하면 숨이 막혀온다. 그래도 생명체라는 생각에 조금이라도 빨리 숨통을 틔워주려는 인정에 물꼬를 손보고 쓰러진 생명체를 일으켜 세운다. 그리고 흙탕물을 뒤집어쓴 농작물의 잎을 닦아내고, 병충해를 막고자 농약을 뿌려준다.

태풍의 피해 가운데에는 눈에 보이지 않는 미생물의 질서가 어지러워진 것도 큰 몫을 차지한다. 이제까지 자연의 모든 부분이 평형상태를 유지하며 지내온 것처럼 그 속에서 미생물도 드러나지 않게 평형상태를 이루고 있었다. 그런데 갑자기 들이닥친 자연의 변화는 생물의 세계만이 아니라 당연히 미생물의 세계까지도 온통 뒤범벅을 만들어 놓는다. 오물과 쓰레기로 뒤덮인 집안 구석구석을 깨끗이 치우는 것도 따지고 보면 이전처럼 평온했던 미생물의 세계를 만들어주려는 노력이라 생각할 수 있다. 이와 더불어 피해를 복구하는 동안에 마시는 물과 먹는 음식에 더욱 신경을 쓰며 조심해야 하는 것도 마찬가지 이유에서이다. 태풍과 함께 뒤따른 수해로 뒤집어진 미생물의 세계가 평형을 찾아가는 동안에 사람들이 건강과 질병예방에 대해서는 더욱 조심스럽게 살펴보아야 할 부분이다.

태풍의 피해로부터 조금씩 안정을 찾고 정리되는 사람들의 모습은 어쩌면 우리 몸에 병이 생겼다가 조금씩 회복되는 모습과도 많이 닮았다. 아픈 사람이 병을 이기고 회복하기 위해 여러 가지 눈물겨운 노력을 기울이는 것과도 같이, 태풍의 피해를 복구하는 사람들의 노력을 보노라면 서로가 대단히 비슷하다는 생각이 떠오른다. 무너진 흙더미를 치우고, 길을 트고, 흔적도 없이 사라진 다리를 다시 놓고, 하천의 물줄기를 바로잡는 등의 노력은 몸에 상처가 깊은 곳은 도려내고 수술하는 것과도 같다. 흙탕물에 뒤범벅이 되어버린 집 안팎과 살림살이를 닦고 치우고 말리는 것들도 복통과 설사로 혼을 빼고 난 환자들이 안정을 취하며 힘을 보충하는 모습과도 닮았다. 미음과 죽으로 쓰라린 속을 달래는 것도 엉망이 되어버린 미생물의 생태를 원래의 평형상태로 되돌리려는 노력과 같은 것이다.

집 안팎을 깨끗이 치우며 정리하는 것만이 피해를 복구하는 작업이 아니다. 농작물은 물론 가축과 사람을 위협하는 질병을 막기 위해 논밭은 물론 집 안팎에서 예방과 소독을 철저히 하는 것도 태풍의 흔적을 없애려는 노력으로 이해할 만하다. 더구나 수확기에 접어드는 늦여름과 초가을에 찾아오는 태풍으로 인한 직접적인 피해는 적다하더라도, 보통 때보다도 더 많은 병원미생물과 해충들이 바람과 비에 실려 한꺼번에 날아오므로 이에 대해 철저한 대책도 필요한 것이다.

우리나라만이 태풍에 의한 피해를 입는 것이 아니다. 일본은 물론 북한에서도 연례행사처럼 태풍에 의한 피해와 더불어 수해를 겪는다. 수해를 당하는 것은 더 많은 농경지를 확보하기 위해 가능한 경사지를 모두 개간을 하였기 때문에 더 큰 피해로 이어지는 것이라고 사람들은 말하기도 한다. 수해를 겪은 다음에 농사를 짓는 것은 그야말로 절개지처럼 척박한 곳에서 농사를 짓는 것과 다름이 없다. 물이 할퀴어놓은 땅에는 작물이 자랄 수 있는 양분이 충분하지 않기 때문이다. 그래서 개간지에 농사를 지으려면 첫 해에는 보통 수확을 포기하고 콩과식물을 심는다. 콩과식물은 공중질소를 고정하는 뿌리혹박테리아가 공생하기 때문에 척박한 땅에서도 자랄 수 있으며, 뿌리혹박테리아는 다음해에 농사를 짓더라도 얼마간의 영양분을 땅 속으로 돌려줄 수 있으므로 맨 처음 시작하는 농사에서는 콩과식물을 심는다.

개간지에서 처음 농사짓는 것처럼 태풍과 수해를 당한 피해지역에서 이듬해 농사짓는 것이 그렇게 쉬운 일은 아니다. 우리 몸에 비유한다면 배탈이 났거나 설사가 지나간 다음에 미음이나 죽을 먹으며 속을 달래는 과정과 너무나 많이 닮았다. 우리 몸속의 장에는 수많은 미생물이 공생하며 평형상태를 이루고 살고 있는데, 병원성 세균이나 독소가 침입해 한번 뒤틀리면 평형상태가 깨지면서 심한 고통을 당하는 것이다. 그 후에 새로운 평형상태를 이루게 하려면 힘겨운 노력이 뒤따르는데 그 모습이 마치 태풍이 휩쓸고 지나간 흔적과도 같다. 모든 것이 처음에는 힘들지만 고통을 이겨내고 살 수 있는 서식처를 마련하고 평형상태를 이루어 원래의 상태로 회복하려는 미생물의 노력은 태풍이 지나간 후에 피해를 복구하려는 사람들의 부지런한 일손과 서로 닮았다는 것이다. 이래저래 태풍이 지나간 자리에는 많은 흔적이 남는 것처럼 병으로부터 회복된 사람들에게서도 여러 가지 흔적이 남기 마련이다.

Part

03

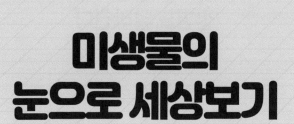

미생물의
눈으로 세상보기

문화가 발전하면
질병도 달라진다

    우리는 옛날 사람들이 어떤 생활을 했는지 정확히 알지 못한다. 다만 역사와 문화의 흔적을 찾아봄으로써 그 당시의 생활을 어렴풋이 짐작해 볼 뿐이다. 지금으로부터 약 1만 년 전에 우리 조상들은 이리저리 옮겨 다니는 수렵생활을 마무리하고 한곳에 정착하여 마을을 이루고 농사를 지으며 살기 시작했다고 한다. 우리 문화에서는 그때부터 농경시대가 열렸다고 하며 신석기시대가 시작되었다고 한다. 따라서 농경시대 이전에는 사람들이 수렵과 채집에 의존하여 먹을거리를 마련했을 것이다. 서로 다른 문명의 발생도 지역에 따라 시간적인 차이가 있고, 환경조건에 따라 문명과 역사의 흥망성쇠도 차이가 나며, 더욱이 지역과 사람들에 의한 문화의 차이가 있으리라는 것은 언급할 필요도 없이 누구나 인정하는 부분이다.

그렇다면 옛날 사람들은 건강에 대해서 어떻게 생각하였고 질병에 대해서는 어떻게 대처했을까? 그것도 무척이나 궁금하지 않을 수 없다. 그보다 앞서 먼저 생각해 보아야할 것은 당시에는 도대체 어떤 질병이 있었을까 하는 점이다. 그것을 알기 위해서는 당시의 생활이 어떠했는지를 살펴보고 그러한 환경에서 나타날 수 있는 질병을 찾아 확인해보는 과정이 필요하다. 옛날 사람들의 생활은 아무래도 지금처럼 산업과 교통이 발달하지 않았으므로 그만큼 자주 왕래하지 않았을 터이고, 서로가 멀리 떨어진 곳에서 고립된 분위기를 유지한 채 스스로 지키며 만족해하는 생활을 하였을 것이다. 그렇다면 아주 오래된 고대인들의 생활은 어떠했는지 더듬어보는 것도 의의가 있을 것이다.

지구 나이가 46억 살이고 생명체가 나타나 살아온 것도 35억 년이라는 긴 시간 동안 계속되었지만, 인류의 조상이 나타난 것은 지금으로부터 몇 백만 년 전에 불과할 정도의 가까운 시간에 일어난 일이라고 한다. 그리고도 한참이나 오랜 세월이 지난 후에야 비로소 현생인류의 조상이 나타났는데, 그 시기는 약 5만 년 전으로 잡는다. 크로마뇽인이라고 알려진 현생인류의 조상이 살았던 당시에는 어떻게 생활했는지 구체적인 기록이 남아 있지 않으므로 우리는 그들의 생활을 그저 상상하는 수밖에 없다. 그래도 몇 가지 남아 있는 삶의 흔적을 살펴보면 그것으로부터 어렴풋이 그 당시의 생활상을 짐작해 볼 수 있다. 이를테면 생활 주거지 근처에 흩어져 있는 동물의 뼈를 보고 어떤 짐승을 잡아먹었는지 생각해 볼 수가 있고, 불에 타고 남은 잿더미나 쓰레기더미에 남아 있는 식물체 흔적을 보고서 무엇을 먹었는지 추측해 볼 수 있다.

아주 옛날부터 미생물과 함께 사람이 살았으므로 사람에게 해를 끼치는 질병도 있었겠지만, 지금과 같은 치명적인 질병은 비교적 적었을 것이라는 생각이 일반적이다. 의학사에서는 고대인들이 비교적 건강하게 살았다고 보고 그러한 이유를 수렵과 채집생활에 근거해서 설명하고 있다. 그리 많지 않은 사람들이 집단을 이루고 이리저리 장소를 이동하며 살았기 때문에 집단에서 나오는 배설물이나 쓰레기가 적었고, 따라서 쓰레기나 오물로부터 비롯되는 질병의 피해로부터 벗어날 수 있었다는 것이다. 이와 함께 주거지 가까이에서는 가축을 기르지도 않았기에 가축의 배설물로부터 멀리 떨어져 살았던 것도 고대인들이 건강한 삶을 살았던 이유의 하나가 된다고 본다.

사람들이 한곳에 머물러 살면서 농사를 짓기 시작하면서부터 자연스레 가축을 기르게 되었고, 식량과 노동력을 확보하면서부터 사람들은 짐승들이 가지고 있던 병을 옮겨 받게 된 것이라고 한다. 사람은 65종이나 되는 질병을 사람과 가장 가까운 가축인 개와 나누어 가진다는 조사 자료도 있다. 개뿐만 아니라 소, 말, 돼지, 닭, 오리, 양, 염소와도 비슷한 숫자의 질병을 공유한다고 본다. 예를 들자면 결핵과 천연두는 사람은 물론 소에서도 나타나고, 감기도 역시 사람뿐만 아니라 말, 돼지, 오리, 닭에서

인수공통감염병과 전파 매개 동물

- **메르스** 박쥐, 낙타
- **에볼라** 과일박쥐, 침팬지
- **사스** 박쥐, 사향고양이
- **에이즈** 작은흰코원숭이, 붉은머리 망가베이
- **메르스** 박쥐, 낙타
- **조류 인플루엔자** 새
- **뎅기열, 뇌염** 모기
- **쯔쯔가무시 신증후군출혈열** 등줄쥐, 집쥐
- **브루셀라** 염소, 양, 소

발병하며, 홍역은 오래 전에 소, 개로부터 사람에게 전염되었다고 한다.

최근에 자주 문제를 일으키고 있는 식중독의 원인균인 살모넬라균은 개, 고양이, 오리 등의 가축과 가금류 이외에도 쥐나 도마뱀 등의 야생동물들이 옮긴다고 한다. 짐승의 배설물에 오염된 물을 마시면 식중독을 비롯하여 콜레라, 티푸스 등의 수인성전염병을 얻을 수 있다. 또한 식량을 저장하는 곳간이나 음식을 조리하는 부엌에 쥐나 바퀴벌레가 살면서 여러 가지 소화기 계통의 전염병뿐만 아니라 심지어는 호흡기 질환까지도 전파시키고 있다. 경우에 따라서는 특별한 기생충들이 사람의 몸속에 들어가 진을 치고 공생하기도 한다.

오랜 시간이 흐르면서 사람들의 생활형태도 더욱 다양해지고 복잡해졌고, 이전에는 전혀 생각조차 못했던 새로운 질병들이 나타나고 있다. 세기의 재앙이라고 알려진 에이즈AIDS 바이러스를 비롯하여 최근에 큰 문제를 일으킨 영국의 광우병 그리고 사람들의 이목을 모았던 조류독감과 전세계적으로 새로운 관심을 불러모으고 있는 중증급성호흡기질병인 사스SARS 그리고 메르스MERS 등과 함께 또한 언제 끝날지 모르는 코로나19에 이르기까지 모두가 최근에 밝혀진 새로운 질병들이다. 이들 새로운 질병들의 전파경로를 추적해보면 대부분이 야생동물이나 가축으로부터 사람에게 전염되었다는 점이 중요하다. 동물과 사람과의 사이에서 이루어진 병원균의 교환이 어느 날 갑자기 이루어졌다기보다는 오랜 세월을 두고 이루어졌던 관계가 최근에 알려진 것에 불과하거나 또는 새로운 변이를 일으킨 병원균에 의한 것이라고 본다.

동물과 사람과의 사이에 공동으로 존재하는 전염병을 우리는 인수공통감염병(人獸共通感染病)이라 부르는데, 이러한 질병의 최초의 기록은 아마도 개로부터 전파되는 것으로 공수병(恐水病)이라 부르는 광견병일 것이다. 개는 사람들이 가장 먼저 가축으로 이용한 동물이었다. 더구나 개는 사람을 잘 따르기 때문에 잘 길들여 여러 가지 목적으로 활용하면서 마치 한 식구처럼 가깝게 지냈다. 고대 그리스의 철학자 아리스토텔레스는 광견병이 병에 걸린 개의 침으로부터 옮겨간다고 하였다. 이러한

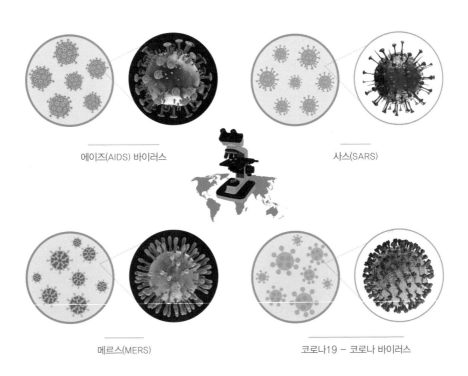

에이즈(AIDS) 바이러스

사스(SARS)

메르스(MERS)

코로나19 – 코로나 바이러스

당시의 기록만 살펴보더라도 사람과 질병과의 역사는 이보다도 훨씬 오래 전부터 관계가 이루어졌다는 것을 알 수 있다. 어쨌거나 동물과 사람이 함께 감염되는 질병은 아무래도 문명의 발달에 따라 나타나는 필연적인 부산물이며 동시에 생활의 발전을 위해서는 거쳐야만 하는 통과의례의 하나라고 생각할 수 있다.

사람들에게 고통과 두려움을 주는 전염병은 한꺼번에 많은 사람들에게 감염되어 병을 일으킨다는 위협적인 특징을 가졌다. 만약에 어느 한 사람이 병에 걸리더라도 혼자만 앓고 끝나면 두려움이 그리 크지 않다. 그런데 대부분의 전염병은 다른 사람들에게 전파되어 많은 사람들이 고통을 당하기 때문에 모두가 병을 두려워하게 된다. 더욱이 사람들은 병이 전파되는 원인을 모를 때에 더 큰 공포를 느끼게 된다. 전염병의 대부분은 병원성 미생물이 그 원인인데, 이들은 살아있는 생명체이므로 사람을 숙주로 하여 그 속에서 증식하여 병을 일으킨다는 특징을 가지기에 우선 두려움이 앞선다.

우리 생각으로는 옛날이나 지금이나 발생하는 병의 종류는 마찬가지일 것이라고 생각하기 쉽지만, 사람들의 역사와 문화의 발전에 따라 유행하는 질병도 다른 것을 찾아볼 수 있다. 성서에 '천형(天刑)의 병'이라고 나오는 한센병이 있다. 한의학 서적에는 가라(痂癩)·풍병(風病) 또는 대풍라(大風

᛭ 공수병(Rabies) 바이러스

癩)로 기록되었고, 일반적으로 나병 또는 문둥병으로 불리면서 이 병에 걸린 환자들은 사회적인 냉대와 따돌림을 받아야만 했었다. 요즘에는 나(癩)의 개념을 바꾸고자 한센병Hansen's Disease이라고 부른다. 이 병의 기록이 기원전부터 나타나는 것을 보더라도 오래 전부터 사람들을 괴롭혀왔다는 것을 알 수 있다.

피부에 침범하는 이 병은 만성적인 질병으로 오랜 기간의 잠복기를 가지고 발병기간도 매우 길다. 사람에게만 특이하게 발병되고, 쥐나 아르마딜로의 발바닥에만 병징이 나타나며 더욱이 신경을 손상시켜 불구로까지 만든다. 특별한 전염경로를 확인하지 못한 채 사람에서 사람으로만 옮겨지는 이 병은 원인균의 인공배양이 어려워 오랫동안 정확한 원인을 찾지 못해 더욱 사람들을 공포로 몰아넣었다. 한센병의 병원균은 나중에 크게 유행한 결핵균과 같은 그룹에 속하는 것으로 일반적인 그

 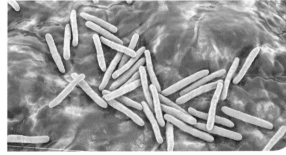

: 한센(Gerhard Henrik Armauer Hansen)과 결핵균(*Mycobacterium tuberculosis*)

람 양성균(그람염색법에 의하여 자주색으로 변하는 세균)이나 음성균에 속하지 않아 항산성균이라는 독립된 무리에 포함되는 마이코박테륨 *Mycobacterium* 속 세균이다. 요즈음에는 이 병의 원인균인 나균*Mycobacterium leprae*의 성질이 밝혀졌고, 조기진단과 면역반응의 강화와 함께 여러 종류의 항라제가 개발되어 오랜 동안 요양소 격리치료에만 의존했던 이 병의 관리와 치료가 가능해졌다.

흑사병Black Death이라는 이름은 이름 그대로 피하출혈 때문에 시체가 검게 보이는 것으로부터 유래하였다는 설과 함께 100%에 가까운 사망률로 세상을 어둠 속으로 몰아갔기에 붙여진 것이라는 설도 있다. 중앙아시아로부터 전파된 페스트(黑死病)의 발생이 중세 이전부터 있었다고는 하지만, 14세기에 이르러서는 이 병이 유럽 대륙을 완전히 뒤흔들어 놓았다. 이 병은 원래 야생 설치류의 병인데 다람쥐나 마멋에 붙어 살던 벼룩이 쥐에게 병원균을 옮기고 드디어는 사람에게까지 옮겨진 것이다. 많은 양의 동물가죽이 중앙아시아에서 유럽으로 들어오면서 가죽과 함께 이 병을 옮기는 해충이 함께 들어왔을 것이다. 전파경로는 분명히 아시아와 유럽을 잇는 비단길을 통해 이루어졌다는 설명이 가장 그럴 듯하다. 풍토병처럼 정착한 페스트는 환자로부터 튀어나온 침이나 가래, 입김을 비롯하여 환자의 분비물이나 배설물로부터 기도를 통한 감염이 있으나 대부분은 벼룩에 물려 감염되는 경우가 많다.

페스트에는 선 페스트Bubonic plague와 폐 페스트Pneumonic plague의 두 가지가 있다. 선(腺)페스트는 가래톳(림프 절)에서 이름을 따왔는데, 희생자의 목과 겨드랑이 및 사타구니의 림프 절이 크게 부풀어 올라 심하면

터지기까지 하는 무서운 병이다. 선 페스트는 갑작스레 고열이 나고 온몸에 출혈이 생겨 피부가 검게 변한다. 페스트균이 폐로 들어간 것이 폐(肺)페스트로 마치 들불처럼 번진다. 폐 페스트는 악마처럼 무서운 병으로 급격한 기관지 폐렴을 일으키고 호흡곤란이 일어나 발병한지 4~5일 만에 죽음에 이르게 하는 경우가 많다. 페스트균*Yersinia pestis*은 그람 음성인 간균으로 조건에 따라 변형되기 쉽다. 이전에는 파스퇴르의 이름을 따서 파스퇴렐라*Pastuerella pestis*라 불렀다가, 1894년 스위스 출신의 예르생A. Yersin이 홍콩에서 발견하여 분리한 후부터는 예르시니아로 불렀다.

∷ 페스트를 상징하는 사진과 페스트균(*Yersinia pestis*)

이 병은 14세기의 유럽에서 8년마다 한번 꼴로 발생하여 전체 인구의 절반 이상을 휩쓸어 갔다고 한다. 당시에 흑사병의 감염률과 치사율이 대단히 높았기에 중세 유럽의 인구증가에 막대한 지장을 초래하였다. 아마도 인류 역사에서 이러한 참화를 가져온 미생물은 없을 것이라고 말한다. 흑사병은

예르생(A. Yersin)

인구에만 영향을 끼친 것이 아니라 죽은 사람들이 남긴 땅과 재산을 처분하는 과정에서 새로운 세력의 등장을 예고하였고, 결과적으로는 유럽 대륙에서 부의 재편성을 가져와 르네상스 시대가 개막되었다고 역사가들은 평가한다.

중세 이후 세계의 문화에 큰 변화를 일으킨 사건으로는 무엇보다도 신대륙의 발견을 꼽을 수 있다. 항해술의 발전과 나침반의 이용 그리고 막힌 육로 대신에 바닷길로 인도를 찾아가 향신료를 구하려는 사람들의 욕구가 맞아떨어졌기에 서쪽 바다로 항해하였던 것이다. 아메리카 대륙의 발견 이후 우리 생활에 이용되는 여러 가지 작물들이 유럽으로 소개되었다. 담배를 비롯하여 고추, 감자, 고구마, 옥수수 등의 농작물과 함께 성병도 널리 퍼졌으나 겉으로 드러나지 않은 병의 특징상 얼마나 많은 사람들이 감염되었는지는 확인하기 어렵다.

한편 구대륙에서 신대륙으로 건너간 여러 가지 미생물도 엄청난 영향을 끼쳤는데, 그 대표적인 것들로 두창(痘瘡, 천연두)과 홍역을 꼽는다. 신대륙의 발견 이전에 오랫동안 구대륙인 유럽에서는 두창과 홍역이 유행하였다. 그래서 유럽 사람들은 이들 질병에 어느 정도 면역성을 갖추

고 있었지만, 신대륙 원주민들은 그렇지 못했다. 따라서 이들 질병은 신대륙 정복에서 중요한 생물무기로 이용할 수 있었던 것이다. 예를 들자면 157명의 병사를 거느린 스페인의 코르테스가 인구 수십만 명을 거느린 아즈텍 문명을 정복할 수 있었던 것은 단순히 총칼과 말의 덕택이라고만 설명할 수 없기에 종교적인 힘이었다고도 말한다. 그렇지만 그 이면에는 아메리카 원주민들에게는 전혀 낯선 질병인 두창과 홍역이라는 미생물 무기가 숨어 있었다는 설명이 지배적이다. 또한 두창과 홍역은 남아메리카 원주민들에게만 생명의 위협을 가한 것이 아니라 폴리네시아 원주민들에게도 같은 영향을 끼쳤다고 학자들은 인정한다.

두창은 오래 전부터 동양과 서양을 불문하고 사람들을 위협한 질병이었다. 어린아이나 어른을 가리지 않고 한번 유행하면 수많은 사람들을 희생시켰는데, 병에 걸렸던 환자들이 설사 나았다고 하더라도 얼굴에 흉

: 대 전염병(The Great Plague)의 시기에 시신을 실어 나르는 마차와 시신을 매장하기 위해 무덤으로 변한 들

한 흔적을 남겨놓기 때문에 사람들은 이 병을 더욱 무서워했다. 그런데 다행히도 영국의 제너가 두창 예방법으로 우두(牛痘)cowpox 접종법을 찾아내어 효과를 보면서 두창의 발생이 1970년대부터 보고되지 않고 있다. 이제 두창은 그야말로 이 세상에서 사라져버린 병이 되었다. 우리나라에서도 지석영 선생이 종두법(種痘法)을 맨 처음 도입하여 이용하였다. 종두법이란 우두인 백시니아바이러스vacciniavirus를 접종하는 것이므로 바이러스의 이름을 따와서 종두법vaccination이라 부른 것이다. 이전에는 두창을 '마마'라 부르면서 두려워했는데, 이 말 속에는 '손님'이라는 뜻이 포함되어 있어서 싫든 좋든 찾아오는 손님을 맞아들여야 한다는 의미가 들어있기도 하였다. 한편 천연두는 일본사람들이 사용한 말이므로 우리는 두창이라는 말로 부르기도 한다.

두창과 함께 항상 붙어 다니는 홍역(紅疫)measles도 우리에게 널리 알려진 병의 하나로 아직도 모든 어린아이들이 언젠가 한번은 겪어야 하는 병이라고 알고 있다. 한번 이 병을 앓고 나면 다시는 앓지 않는다는 의미도 포함되는데, 이것은 평생면역을 뜻하는 것이다. 다행히도 요즈음에는 홍역에 대한 예방주사가 나와 있기에 홍역도 가볍게 치르고 지나갈 수 있다. 아직도 사람들은 어렵고 힘든 일을 마치고 나면 '홍역을 치렀다.'라고 말한다. 그렇지만 요즈음의 홍역은 옛날과 달리 비교적 가

⋮ 지석영, 제너(E. Jenner)

볍게 치를 수 있다. 요즈음 사람들이 겪는 힘든 일도 비교적 쉽게 넘기는 것을 볼 때마다, 어쩌면 예방주사를 맞아 홍역을 가볍게 넘길 수 있는 것처럼 보이기에 슬며시 웃음이 나오기도 한다.

머릿니, 사면발이, 몸니는 온대 기후의 모든 지역에서 살고 있다. 사람의 몸에 사는 이(虱)는 발진티푸스의 병원균인 리케챠Rickettsia prowazeki를 전파한다. 20세기 초에 이르러 하워드 리케츠Howard Ricketts와 스타니슬라우스 폰 프로바젝Stanislaus von Prowazek은 발진티푸스의 원인을 연구하다가 둘이 다 죽었고, 후대에 이들의 이름을 따와서 발진티푸스 병원체의 이름에 붙였다. 발진티푸스는 칠 년 전쟁과 프랑스혁명 때에도 위세를 떨쳤지만, 무엇보다도 유명한 것은 1812년 나폴레옹이 50만 대군을 이끌

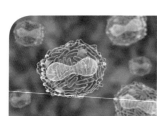

: 천연두의 원인이 되는 두창 바이러스(Variola virus), 두창 접종을 하는 병원의 모습

고 러시아 모스크바를 침공했을 때의 일이다. 당시에 군인들의 위생상태가 엉망이어서 러시아에 들어설 때에는 13만 명의 군인들만 남았고, 그해 겨울에 독일로 돌아올 때에는 겨우 3만 5,000명만 남아 있었다. 그나마 돌아온 대부분의 병사들은 병들어 죽어가는 형편이었다. 나폴레옹 휘하의 한 장군이 '그것은 러시아군의 총알보다도 굶주림과 추위와의 싸움이었다.'고 회고한 것을 보더라도, 전사자의 대부분은 전투보다도 오히려 추위와 굶주림 그리고 불량한 위생상태 속에서 병으로 죽어갔다는 사실을 말하고 있다. 물론 그 가운데에서 발진티푸스가 중요한 역할을 했다는 것은 굳이 말하지 않아도 누구나 이해할 수 있는 대목이다.

신대륙의 발견에 따른 식민지 경영 그리고 바다와 육지를 오가는 교통의 발달에 힘입어 사람은 물론 물자의 유통이 더욱 활발해졌다. 이에 따라 질병의 발생도 어느 한 지역에 한정된 것이 아니라 순식간에 전세계에 전파되어 더욱 많은 사람들에게 고통을 주게 되었다. 이렇게 사람들의 생활이 점점 발전해감에 따라 소화기질병은 물론 호흡기질병과 생식기질병까지 가리지 않고 다양하게 발생하였다. 수많은 질병의 원인이 미생물이라는 사실이 19세기에 이르러 하나하나 밝혀지면서 미생물학의 발전으로 이어졌다. 이 시기에 미생물학의 개척자

머릿니. 인간 세포 내의 박테리아 리케차(*Rickettsia prowazeki*)와 이를 전파하는 이(虱)

로서 프랑스의 파스퇴르L. Pasteur와 독일의 코흐R. Koch를 꼽는다. 이 두 사람은 그야말로 선의의 경쟁관계를 유지하면서 미생물학의 발전에 크게 기여하였다.

콜레라와 장티푸스 그리고 이질은 해마다 여름철이면 찾아와 우리를 괴롭히는 대표적인 소화기질병이다. 사람은 항상 필요한 음식을 장만해야 하는데, 여름철이면 기온이 높아 이들 병원균들이 음식물에서 쉽게 증식할 수 있는 환경이 마련된다. 더욱이 음식 안에는 충분한 영양분이 갖추어져 있으므로 여름철이면 병원균들은 어김없이 우리를 찾아오는 반갑지 않은 손님이다. 게다가 이들 병원균들은 여름철 더운 날씨에는 음식만이 아니라 더워진 바닷물을 타고 여러 나라를 방문하기도 한다. 인도를 비롯한 동남아시아의 따뜻한 지역에서 발생한 이 병이 뱃길을 따라 유럽과 아메리카까지 세계를 돌아다닌다. 이들 병원균들은 환자나 보균자를 통해 전파되는 것은 물론이거니와, 항구마다 짐을 부리러 들고

파스퇴르(L. Pasteur)
독일 코흐(R. Koch)

나는 화물선에서 중심점을 낮추어주려는 배 밑의 물속에 들어가 있다가 다른 나라의 항구에서 짐을 부리고 빼내는 물과 함께 흘러나와 전파될 수도 있다. 이렇게 이들 병원균은 음식만이 아니라 물을 통해서도 전파되므로 수인성질병이라고도 부른다.

우리나라에서도 오래 전부터 콜레라를 호열자(虎列刺)라 부르며 무서워했으며, 20세기 초까지도 거의 정기적으로 크게 발생하여 많은 사람들의 생명을 앗아갔다. 나이든 어르신들은 아직도 홍역과 호열자를 거치지 않으면 어른이 되기 힘들다는 말을 가끔씩 되뇐다. 그만큼 콜레라는 우리 생활에서 풍토병처럼 흔히 발생하였던 것이다. 우리는 이제 이들 수인성질병들의 성질을 어느 정도 이해하고 있으므로 소독과 살균법을 이용하여 예방과 치료에 힘써 겨울철에는 거의 발생하지 않는다. 그런데 요즈음 겨울철에도 이질을 비롯한 수인성질병들이 때를 잊은 듯이 가끔씩 발생하는 것은 우리 생활이 그만큼 바뀌었고 복잡해졌다는 것을 의미한다.

우리를 괴롭히는 것은 수인성질병만이 아니다. 산업의 발전에 힘입어 여러 가지 새로운 수많은 물건들이 만들어져 생활에 많은 도움을 주고 있지만, 새로운 물질의 영향으로 우리 생활이 더욱 복잡해지면서 생각지도 못한 공해라는 새로운 요인이 나타나 우리를 더욱 괴롭히기도 한다. 근래에 이르러서는 소화기질병만 아니라 호흡기질병도 무시할 수 없을 만큼 많이 발생하고 있다. 미생물학이 발전하면서 병원균의 존재가 알려지기 시작하였고, 대표적인 호흡기질병으로 널리 알려진 결핵은 산업화 과정과 시기를 같이하여 크게 유행하였다. 우리나라에서도 얼마 전까지 많은 사람들이 결핵에 감염되어 고통을 겪었으며, 아까운 생명이 희생되는 것을 보고 나라를 망치는 망국병이라 불렀다. 지금도 국가적인 차원에서 결핵 퇴치를 위해 많은 노력을 기울이고 있으며, 해마다 크리스마스 때를 맞추어 씰seal을 만들어 결핵퇴치 기금으로 활용하는 것을 볼 수 있다.

결핵과 함께 호흡기질병으로 널리 알려진 것으로 독감이 있다. 사람들은 일반적으로 유행하는 감기가 심한 증세로 이어진 것이 독감이라고 보는 경우가 많다. 그러나 감기와 독감을 일으키는 주범이 바이러스이기는 하지만, 같은 종류가 아니라 서로가 전혀 다른 종류의 바이러스이므로 근본적으로 다른 병이다. 감기를 일으키는 바이러스는 아데노바이러스adenovirus를 비롯하여 리노바이러스rhinovirus와 코로나바이러스coronavirus 등의 여러 가지 종류가 원인이지만, 독감은 오로지 독감바이러스

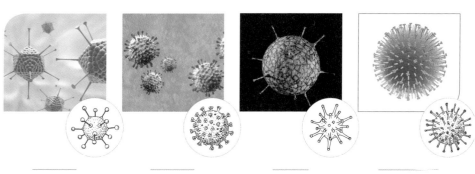

아데노바이러스
(adenovirus)

코로나바이러스
(coronavirus)

리노바이러스
(rhinovirus)

인플루엔자 바이러스
(influenza virus)

influenzavirus에 의해서만 일어난다. 우리나라에서도 오래 전부터 감기를 일컬어 고뿔이라고 하였다는 것을 보면 오래 전부터 생활 속에서 함께 해온 병이라고 이해할 수 있다. 그렇다고 감기만 고뿔이라 부르지 않고 심한 증상의 독감도 고뿔이라고 한 것을 생각해보면, 예전 우리나라에서도 서양처럼 독감이 감기와 함께 존재했을 것이라고 이해할 수 있다.

전 세계적으로 발생하는 독감은 그야말로 심각한 위협을 느끼도록 만들었다. 독감에 의한 사망률은 대체로 0.01% 미만이지만, 이렇게 낮은 사망률에도 불구하고 너무나 많은 사람들이 독감에 걸리기 때문에 실제 사망자 수는 엄청난 것이다. 1918년에 범세계적으로 유행한 스페인독감에 희생된 사람은 2,000만 명이라고 추산했지만, 실제 사망자는 그보다 더욱 많았을 것이라고 본다. 제1차 세계대전의 4년 동안 사망자수가 1,500만 명이라는 것과 비교해 보면, 스페인 독감이 반년 동안에 거의 두 배에 이르는 사망자수를 기록한 것은 독감의 무서움을 확실히 보여주고 있다.

사람들은 어떻게 그렇게 독감 발생에 속절없이 당했는가 의문이 생기기도 하지만, 그것은 독감바이러스가 자주 변이를 일으켜 사람들이 미처 손쓸 틈을 주지 않고 공격하기 때문이다. 근래에도 홍콩을 중심으로 새로운 변이를 일으킨 조류독감 바이러스가 나타나 사람들에게 위협을 가했던 것도 따지고 보면 독감바이러스의 다양한 변이가 원인인 셈이다. 지금도 사람들은 새로운 변이를 일으킨 바이러스의 공격에 대해 전전긍긍하고 있다. 예를 들자면 지난 2003년에 중국 광동성에서 시작하여 홍콩을 거치면서 전세계로 퍼져나간 중증급성호흡기증후군인 사스

SARS(Severe Acute Respiratory Syndrome)는 사향고양이를 통해 사람에게 전파되었다가 사람 사이의 전파가 이루어진 것이다. 이 새로운 병도 바이러스의 변이에 의한 것으로 지금까지 이에 대한 완전한 해결책이 마련되어 있지 않다. 이어서 2012년에 중동에서 발생한 중동호흡기증후군이라 불리는 메르스MERS(Middle East Respiratory Syndrome)도 낙타와 박쥐를 통해 사람에게 전파되었다가 사람 사이에 전파가 이루어진 것이다. 우리와는 전혀 관계없다고 생각되었던 이 병은 지난 2015년에 우리나라에 전파되어 186명이 감염되었고 38명이나 목숨을 잃었는데, 이 또한 코로나바이러스의 변이에 의한 새로운 병이다. 그뿐만 아니다. 지난 2019년이 끝나갈 무렵에 중국 우한에서 발생한 신종 코로나바이러스는 해가 바뀌어도 끝날지 모르고 전세계에 퍼지고 있다. 박쥐가 옮긴 것으로 알려진 이 새로운 코로나바이러스 변이종은 처음에는 우한폐렴으로 불리다가 코로나 19Covid-19(Coronavirus disease-19)라는 이름으로 합의를 이루었고, 바이러스는 SARS-CoV-2라는 이름으로 불린다. 이와 같이 바이러스의 새로운 변이종에 의해 나타난 병이기에 그만큼 새로운 병에 대한 예방과 치료에는 어려움이 있기 마련이다.

이를테면 지금도 완전한 해결책을 내놓지 못하고 있는 중증급성호흡기증후군인 사스도 코로나바이러스의 변이라고 알고 있다. 그렇지만 이전에는 볼 수 없었던 새로운 변이종인 사스이기에 그만큼 예방과 치료를 위해서 어려움이 있다는 것이다.

이와 같이 병원미생물들은 언제든지 스스로 변이를 일으키면서 호시탐탐 기회를 엿보고 있는 것이다. 병원미생물들에게서 이전과 다른 변이가 나타난다는 것은 그만큼 미생물들이 살고 있는 환경에 변화가 많다는 것을 의미한다. 그리고 그러한 변화는 바로 우리들이 만들어낸 환경 변화에 의한 것이라고 보아야 할 것이다. 사람들이 더욱 빠르게 새로운 물건들을 만들어내고 그에 따라 생활환경이 바뀌면서 변화에 맞추어 사람들도 적응해야만 한다. 그런데 사람들이 변화하는 것보다도 더 빨리 미생물들이 변하고 적응해 우리보다도 앞서가는 것이 아닐까 하는 생각이 들기도 한다. 그만큼 우리의 생활이 빠른 속도로 변화하는 것이 좋은 점도 있지만, 다른 한편으로는 역작용이 있지나 않을까 곰곰이 따져볼 필요도 있을 것이다. 아무튼 우리의 생활과 문화가 발전하는 만큼 미생물의 변화도 나타날 것이라는 생각을 하고 그러한 점에 대해서도 대처할 필요가 있다.

의학과 미생물은
상호 진화한다

결핵은 우리에게 폐병이란 이름으로 널리 알려졌다. 이미 오래 전부터 많은 사람들이 결핵으로 고통 받으며 죽어갔기에 우리나라에서는 망국병이라는 이름을 얻기도 하였다. 요즈음 우리나라 사람이 죽는 원인으로 가장 먼저 꼽는 것이 암이고 뒤를 이어 뇌와 심장질환 등이다. 얼마 전까지만 해도 교통사고 사망률이 상위에 올랐지만, 이제는 상당히 아래로 떨어졌다. 그렇지만 지금보다도 훨씬 전에는 젊은 사람들이 죽는 원인으로 첫손에 꼽힐 정도로 위험한 질병이 바로 결핵이었다. 따라서 사람들은 결핵의 특징적인 증상으로 쇠약한 모습에 파리한 얼굴 그리고 핏기 없는 입술 더 나아가 심한 기침과 각혈의 증세를 떠올리게 된다. 대개의 결핵 증상은 만성이고, 게다가 소모성이다. 그래서 결핵을 앓고 있는 환자의 모습은 주위에서 시간이 지날수록 더욱 흔히 볼 수 있었다.

결핵에 걸린 사람들이 할 수 있는 치료법은 고작 신선한 공기를 마시거나 침대에 누워 요양하는 것이 전부였다. 이러한 치료법이 결핵이 알려진 이후로 수세기 동안 이어져 내려왔다. 그러기에 결핵환자들은 요양소로 보내는 것이 전통이었고, 따라서 결핵요양소는 경치 좋은 곳에 자리 잡았다. 지금도 많은 사람들은 도심을 벗어나 물 좋고 경치 좋은 곳에 별장을 짓고 싶어 하는 것처럼 그러한 장소에 요양소를 건립하여 환자의 치료를 도와주었다. 이렇게 산수가 수려한 곳을 둘러보면 아직도 여기저기에 옛날의 요양소 건물이 남아 있다. 이러한 요양소는 병원과 어떻게 다른 것일까?

요양소(療養所)sanatorium는 만성질환 환자를 오랜 기간 동안 잘 다루어 병을 치료해주는 시설을 말하며, 병원(病院)hospital은 병자나 부상자를 진찰하고 치료하는 곳을 뜻한다. 이 두 가지 시설 모두가 병을 치료한다는

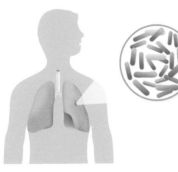
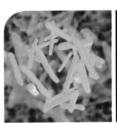
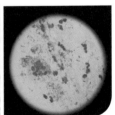

: 결핵과 결핵균의 현미경 사진

근본적인 목적은 같지만, 요양소는 환자를 장기간 보호한다는 성격이 강하고 병원에서는 환자를 진찰하고 수술하는 등의 직접적인 방법으로 다루는 점에서 차이가 있다. 병원의 기원을 따져보면 중세에 이르러 종교적 자선을 목적으로 탄생하였는데, 교회에 딸린 숙박시설로부터 비롯되었다는 설명이 지배적이다. 중세의 병원 가운데에는 전염병 환자를 격리시키려고 교외에 세운 것도 있다. 이를테면 한센병 환자를 격리하기 위해 세운 것들이 있었고, 시간이 지나면서 페스트 환자를 위한 격리병원도 세워졌다.

미생물학의 발전에 힘입어 마취와 멸균소독법이 개발되면서 외과수술에 의한 환자의 치료가 가능해지자 병원의 수요도 늘어났고 부유층의 이용도 활발해져 병원이 새롭게 변하였다. 19세기에 이르러 외과 및 내과학 이외에도 세균학, 병리학, 생리학, 유기화학 등의 학문발전에 힘입어 임상의학과 새로운 검사법이 출현하였고, 이에 따라 병원은 더욱 발전하여 그 기능도 더욱 세분화되었다. 한편 요양소는 과학과 산업의 발전에 따라 경제가 발전하면서 여러 나라에서는 환자의 치료를 위한 시설로 곳곳에 요양소를 세워 이용하였다.

처음에는 병자들의 격리시설로 이용되었던 병원이 사회와 경제의 발전에 따라 점차 병을 치료하는 시설로 기능이 바뀌었고, 요양소는 환자들의 치료와 건강회복을 통해 사회로 복귀시키기 위한 시설로 남게 되었다. 우리나라에서도 수많은 결핵환자들의 치료와 요양을 위해 여러 곳에 결핵요양소 시설을 마련하였으며, 그 가운데 대표적인 곳이 마산에 자리한 국립요양원이다. 최근에는 결핵을 치료하기 위한 화학요법의 발전으로 결핵환자의 수가 감소하여 결핵요양소도 일반 환자를 받아들이는 병원으로 바뀌고 있다. 요양소는 결핵요양소만이 아니라 한센병요양소, 정신요양소, 치매요양소, 척수요양소, 온천요양소 등이 있다.

결핵에 대해서 좀더 살펴본다면, 무엇보다도 결핵은 역사상 첫째가는 살인마라고 할 수 있다. 결핵균은 환자나 보균자로부터 혼탁한 공기나 감염된 우유를 통해 여러 사람들에게 옮아간다. 일단 사람에게 감염된 결핵균은 뼈나 관절은 물론 뇌와 피부에 이르기까지 몸의 어느 부분이든 공격해 들어갈 수 있다. 결핵균은 마이코박테륨 투베르쿨로시스 *Mycobacterium tuberculosis*라는 세균에 의해 일어나는 것으로 밝혀졌는데, 이 세균은 일반적인 세균과 무척이나 다른 성질을 갖고 있다. 대부분의 세균들이 그람 염색법으로 양성균과 음성균으로 나뉘는 데 비해 결핵균은 어느 편에도 들지 않아 항산성균acid-fast이라는 독립된 무리로 나눈다. 그람 염색법은 세균의 세포벽 성분 차이에 따라 염색이 달라지는 것을 근거로 하는데 항산성균은 세포벽의 구조가 아주 다르기 때문에 이러한 결과가 나오는 것이다. 이렇게 독특한 성질을 가진 결핵균은 실험실에서 증식시키기도 어렵다. 다른 종류의 세균들은 하룻밤만 지나도 엄청난 숫자로 불어나는데, 결핵균은 며칠이 지나도록 증식이 이루어지지 않아 연구에 어려움이 따른다. 뿐만 아니라 다른 세균은 대부분의 항생제에 쉽게 죽지만, 결핵균은 일반 항생제에는 끄떡도 하지 않는다. 그래서 결핵균을 죽일 수 있는 스트렙토마이신이라는 항생물질이 개발된 다음에야 비로소 결핵을 퇴치할 수 있게 된 것이다. 한 가지 알고 넘어갈 점은 결핵균과 같은 마이코박테륨 속(屬)에 속하는 병균으로 한센 병균이 있다. 아직도 한센병은 치료하기 어려운 병의 하나이다. 이처럼 이들 두 가지 병의 병원체가 같은 속에 포함되는 세균이라는 사실만 보더라도 결핵균이 다루기에 만만치 않다는 점을 이해할 수 있을 것이다.

오랫동안 사람들을 괴롭혀온 결핵은 여러 문학작품에서는 물론 그림에서도 자주 묘사되고 있다. 서양은 물론 우리나라에서도 많은 문인이나 화가를 비롯한 예술가들이 결핵으로 요절한 경우를 많이 찾아볼 수 있다. 생활은 경제와 밀접하게 연결되는데, 경제가 어려웠던 옛날에는 지금에 비해 문화와 예술분야에 종사하는 사람들의 여러 가지 상황이 그리 넉넉하지 않았다. 그래서 직업인으로서의 예술가 생활도 크게 여유를 가질 수가 없었을 것이다. 폐결핵은 경우에 따라서 급성으로 나타나기도 하는데, 이때에는 격렬한 폐출혈이 일어나는 경우가 많다. 이렇게 결핵균에 고통받던 예술가들의 경험이 작품에 그대로 그려지면서, 결핵균에

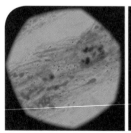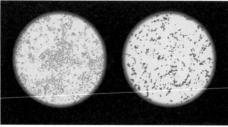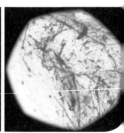

그람 염색, 항산성균(acid-fast)

고통 받는 사람들의 생생한 모습이 지금도 우리에게 현실처럼 다가오는 것이다.

수세기동안 사람들을 괴롭힌 결핵은 19세기를 지나면서 영양과 위생 상태의 호전, 면역 및 화학요법 등의 발전에 힘입어 결핵 퇴치의 효과가 나타나기 시작하였다. 특히 저온살균을 통해 결핵균을 제거하면서 젖소들에게 나타나는 우결핵(牛結核)이 줄어들었기에 더욱 결핵 퇴치에 힘을 얻었다. 더욱이 1940~50년대에는 결핵균에 효과적인 살균력을 가진 스트렙토마이신streptomycin이라는 항생물질이 개발되면서 폐는 물론 다른 부위에 감염된 결핵균을 효과적으로 공격할 수 있었다. 이렇게 해서 수세기 동안 요양요법 이외에는 아무런 치료도 하지 못했던 결핵이 서서히 사라지기 시작하였다.

그렇지만 결핵균은 빈민굴의 알코올중독자처럼 위험을 안고 사는 사람들에게서 오래도록 살아남았고, 그것들이 조금씩 생활환경 안으로 잠입하여 이제 다시 움직이기 시작하였다. 그리하여 오늘날 또다시 결핵균이 놀라운 속도로 퍼지면서 공중보건을 위협하고 나섰다. 최근의 결핵 발병상황을 살펴보면, 어린이와 젊은이를 비롯하여 미국에서는 소수민족과 이민자 및 피난민 사이에서 증가하고 있다. 집 없는 노숙자, 마약 복용자, 결핵이 많은 나라에서 들어온 이민자, 많은 수감자, 빈민들의 집단 거주지 등에서 끊이지 않고 결핵이 머리

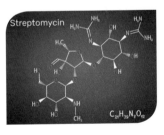

⁚ 스트렙토마이신(Streptomycin)

를 내밀고 있다.

경우에 따라서는 사회적인 요인이 결핵이라는 질병의 발생을 증가시키기도 한다. 그 외에도 영양결핍, 면역력 약화, 결핵균의 전염력 강화에 따른 결핵환자의 증가는 사회적으로 새로운 문제를 일으키기도 한다. 여기에 후천성 면역결핍증AIDS의 증가도 한몫을 더한다. 왜냐하면 결핵균에 감염되었다고 모든 사람이 결핵에 걸리는 것은 아니지만, 면역력이 약화된 에이즈환자들은 결핵에 쉽게 감염되어 병으로 나타나기 때문이다. 더구나 폐결핵은 감지되기가 어렵다. 호흡기관인 허파에는 신경세포가 다른 기관에 비해 훨씬 적게 분포하기 때문이다. 숨쉴 때마다 허파의 움직임이 느껴진다면 너무나 거추장스러운 일이 될 것이다. 그래서 허파가 아프더라도 통증을 잘 느끼지 못하고 있다가 나중에 통증을 느낄 때쯤이면 폐결핵이나 폐암이 상당히 진전되었다는 사실을 알고서 놀라는 경우가 적지 않다.

결핵에 걸렸을 때 일반적으로 투여하여 효과를 거둘 수 있는 약품에 대해 결핵균의 저항성이 크게 높아진 것도 또 다른 이유가 된다. 그러한 원인은 이제까지 결핵에 대한 약제를 무분별하게 사용해왔기 때문이다. 더욱이 결핵균에 치명적인 약품을 사용하였더라도 세균집단이 사라질 만큼 충분한 시간을 두고 처리해야 하는데, 도중에 그만두면 저항성을 가진 집단이 생겨나 다시 번식하는 과정이 되풀이되기 때문이다. 그러다 보면 결국에는 결핵균의 저항성이 높아져 더 큰 위험에 빠져들게 된다.

결핵균은 서서히 자라므로 그 치료 또한 장기간에 걸쳐 서서히 이루어지기 마련이다. 그런데 감염자들은 장기간의 약물 투여를 꺼려하여 조금 괜찮다 싶으면 그만 그쳐버리는 데에도 한 원인이 있다. 보통 결핵치료를 위해서는 반년 이상 1년 반 정도의 장기적인 치료가 이루어져야 하므로 지루한 시간과의 싸움을 해야 하는 어려움이 있다. 게다가 결핵은 근본적으로 치료를 하지 않으면 보균자가 되어 다른 사람에게 옮길 수 있다. 그래서 결핵환자는 요양소에 들어가 치료하는 경우가 많다. 질병과의 싸움에서 일시적인 휴식기간을 가졌다고 해서 경계를 늦추고 안심했다가는 뒤통수를 얻어맞을 수 있다. 이것은 질병과의 싸움에서는 대단히 위험한 일이다. 그러한 잘못은 이제까지의 경험에 비추어 보더라도 비극적인 결과를 가져왔다. 더군다나 그러한 잘못은 혼자만으로 그치는 것이 아니라 생명을 담보로 하는 중대한 사안이며, 한 사람으로 그치지 않고 많은 사람들이 피해를 입는 위급한 상황으로 바뀔 수 있기 때문에 더욱 조심해야만 한다.

우리 몸이 결핵균에 대처하는 방법은 전혀 없는 것일까? 결핵균은 주로 폐를 중심으로 나타나기 때문에 호흡기질병의 하나로 꼽는다. 우리가 숨을 쉬는 동안에 코와 숨관을 통해 공기가 들고나고 그 안에는 보이지 않는 병원균들이 포함되어 있을 터인데, 이들이 어떻게 걸러지는지 살펴보는 것도 많은 도움이 될 것이다. 숨관의 입구에서부터 작은 기관지까지의 모든 벽은 점액세포와 섬모세포로 구성되어 있어서, 먼지와 세균은 끈끈한 점액에 붙잡힌다. 그리고 세균은 라이소자임lysozyme이라는 효소의 공격을 받아 세포막이 파괴되어 죽고, 면역글로불린α(알파)는 바이러스도 없앤다. 항암물질인 인터페론interferon까지 힘을 모아 몸에 해로운 물질을 무력화시키거나 없애버린다. 이렇게 죽거나 무력화된 병균과 먼지는 섬모세포들이 힘을 합쳐 바깥쪽으로 차례차례 밀어 내보낸다. 이러한 찌꺼기들이 모인 것이 바로 가래(담)이다.

호흡기를 구성하는 섬모세포 하나에는 200개 이상의 섬모가 있고 이들 섬모는 1분에 200회나 움직인다고 하니, 섬모운동은 마치 청소차에 달려있는 '빗자루 기계'로 쓰레기를 쓸어내는 모양일 것이다. 하루에 1만 리터의 공기가 허파를 들락날락하는데, 이 '빗자루 기계'가 없다면 공기 속에 든 많은 먼지와 병균이 마치 쓰레기더미처럼 쌓일 것이다. 이와 함께 우리가 숨 쉬는 운동도 가래를 내보내는 데 조금이나마 도움을 주고 있는데, 들이쉬는 들숨은 천천히 일어나는데 비해서 내쉬는 날숨은 그 속도가 들숨보다 더 빠르다. 이 틈에 들락거리는 가래도 결국에는 날숨에 따라 밖으로 밀려나게 되어 있다. 지금 이 순간에도 우리는 숨쉬기 운동으로 필요 없는 쓰레기를 걸러 바깥으로 내보내고 있다. 우리는 가끔씩 즐거운 기분으로 크게 웃을 때가 많다. 이러한 웃음은 그 자체로도 상당한 호흡운동을 일으킨다. 크게 소리 내어 웃는 홍소(哄笑)는 일상적인 호흡으로 배출하지 못한 공기를 빼낸다. 그리하여 큰 웃음은 허파 속을 깨끗이 청소해주는 효과가 있다.

우리 몸은 병원균의 침입을 막기 위한 여러 겹의 방어체계를 갖추고 있지만, 이를 뚫고 들어오는 결핵균은 그야말로 지독한 균이 아닐 수 없다. 그러나 우리 몸의 내부에서도 병원균에 대항하기 위해 방어체계를 구축하고 있다는 사실을 과학의 발전에 힘입어 조금씩 알게 되었다. 예를 들자면, 아프리카계 흑인들은 낫모양 적혈구 대립유전자 하나를 부모로부터 물려받음으로써 조상들이 오래 전부터 고통 받았던 말라리아 풍토병에 대해 어느 정도 저항성을 가질 수 있었다. 이와 비슷한 대립유전자에 의한 현상으로 미국에 있는 유럽계의 많은 유태인들에게 나타나는 테이삭스 병Tay-Sachs disease을 꼽을 수 있다. 테이삭스 병은 다른 말로 흑내장성 백치병amaurotic idiocy이라고 하는데, 정신지체가 일어나고 죽음에 까지 이르게 하는 병으로 전혀 치료할 방법이 없다.

테이삭스병의 원인은 신경세포의 바깥 면을 완성시키도록 하는 유전자에 돌연변이가 일어난 대립유전자 두 개가 만나 제대로 기능을 하지 못하여 일어나는 것이다. 이 두 개의 대립유전자 중에 정상적으로 작용하는 유전자를 하나라도 물려받은 사람의 신경계는 정상이다. 그렇지만 결함이 있는 대립유전자 두 개를 모두 갖고 태어난 아기는 몇 년 동안만 살다가 결국에는 심각한 정신장애를 겪고 죽음을 맞이한다. 그래서 아이를 갖고 싶어 하는 예비부모는 이 대립유전자를 가졌는지 검사를 받아 보도록 권고 받는다.

검사는 소량의 혈액시료로부터 나타나는 단백질 반응의 활성도 차이를 보고 대립유전자의 존재를 확인할 수 있다. 만약에 어느 한 쪽의 예비부모만 대립유전자를 보유하고 있다면 태어나는 아기는 질병으로부터 무사할 것이지만, 양 쪽 모두가 보유자라면 네 명의 아기 가운데 한 명은 비극적인 삶을 가질 수 있다는 뜻이다. 이렇게 아기가 태어나기 전에 예비부모가 검사를 받고 상담하는 과정을 통해서 미국의 유태인 사회에서는 테이삭스 병으로 태어나는 아기의 수가 열 배 이상이나 줄어들었다. 물론 예비부모 본인들이 직접 검사받는 경우도 있지만, 믿을만한 중매자나 종교지도자의 중개로 결혼하기 전에 검사결과를 미리 알아 보는 것으로 더욱 큰 효과를 볼 수 있었다.

아직도 미국에 있는 많은 유럽계의 유태인들은 테이삭스 유전자를 부모로부터 물려받고 있는데 도대체 그 이유는 무엇일까? 그것은 그들의 조상들에게 분명히 어떤 특별한 이익을 주었기 때문일 것이다. 의사이면서 인류학자인 제레드 다이아몬드Jared Diamond의 의견에 따르면 테이삭스 대립유전자를 하나만 물려받으면 결핵에 대해서 어느 정도 저항성을 가진다는 것이다. 결핵이야말로 유럽에서 유태인들이 사는 곳에서는 토착 전염병이었다. 유럽계 유태인들은 오랜 세월 동안 이러한 대립유전자를 물려받으면서 결핵에 대항하는 방법으로 이용해 왔다는 사실이 요즈음에야 과학의 발전에 힘입어 새롭게 알려지고 있다.

이렇게 우리 몸에서 일어나는 자체적인 방어체계는 알면 알수록 신비한 부분이 있다. 과학의 발전에 힘입어 이제까지 알려지지 않았던 신기한 우리 몸의 방어체계가 어느 날 갑자기 생긴 것이 아니라 필요에 따라 우리도 모르는 사이에 조금씩 발전하여 정착된 것이라고 볼 수 있다. 그것도 적당히 한 세대에 머물지 않고 유전자에 자리함으로써 대를 이어 다음 세대로까지 전해져 내려오는 사실이 더욱 놀랍다.

내 몸은
나만의 것이 아니다

완벽한 구조를 가진 하나의 생명체는 도대체 어떠한 모습을 갖추고 있어야 할까? 생명체는 모두가 왕성한 생명활동을 하기 마련인데, 생명활동이라고 하면 뭐라고 해도 생장과 생식 그리고 변이라는 특징을 꼽을 수 있다. 그렇다면 완벽한 생명체는 이러저러한 특징이 모두 한 몸안에 갖추어진 것이라고 생각할 수 있다. 생장에 필요한 영양분의 확보에 서부터 자손을 퍼뜨리고 환경에 적응하는 모든 과정에 이르기까지 생명체가 스스로 해결할 수 있는 능력을 확보한 상태를 뜻하는 것이다.

모든 생물은 오랜 시간에 걸쳐 환경에 가장 알맞게 적응하고자 스스로의 몸을 변화시키는 노력을 기울이고 있고, 우리는 이러한 과정을 통틀어 진화과정이라고 부른다. 자그마한 변화들이 쌓이고 시간이 흐르면서 종의 특징으로 굳어진 것이라고 이해한다. 그리고 많은 사람들이 생각하기에 사람의 몸은 지금의 환경에 가장 잘 적응하도록 만들어진 형태이고, 또한 만물의 영장이라고 믿어 의심치 않는다. 그런데 이러한 생각이 과연 정당한 생각일까? 다시 말해서 사람은 과연 생물학적으로 진화의 끝에 다다른 종이라고 생각해도 괜찮다는 것일까?

진화에 대한 끊임없는 의문에 대해서는 어느 누구도 명쾌하게 답변할 수 없을 것이다. 다만 앞에서 언급한 것처럼 한 생명체의 완벽한 구조라는 생물학적인 추론에 의해 따져볼 수는 있을 것이다. 그러나 어떠한 추론이라도 그것이 가장 알맞다고 말할 수는 없다. 먹이를 찾아 이리저리 움직일 수 있는 동물이 한 자리에 움직이지 못하고 서 있는 식물에 비해 훨씬 많이 변화한 것이라고 생각하는 사람들이 많다. 시간적으로 보더라도 현재에 더 가까운 시기에 진화한 동물은 커다란 변화를 재빨리 수용하여 효과적으로 이용할 방법을 찾았기에 그러할 것이라는 생각도 할 수 있을 것이다. 게다가 사람 중심으로 생각하는 모든 학문의 성격에 따라 사람이 속한 동물이 훨씬 완벽하게 진화한 구조일 것이라는 선입관도 많다. 이러저러한 이유에서 아무래도 동물이 식물보다도 완벽한 생물체의 구조라고 생각하는 사람들이 더 많아 보인다.

그런데 조금 다른 면에서 생각해 본다면 의외의 생각이 떠오를 수 있다. 긴 시간을 두고 쌓인 변화의 집합이 진화라고 한다면, 동물보다도 먼저 태어난 식물이 더 오랫동안 더 많은 진화를 했다고 볼 수는 없을까? 게다가 식물은 필요한 에너지를 스스로 만들 수 있는 광합성이란 독특한 능력이 있으므로 항상 식물이 만들어놓은 먹이를 구해야 하는 동물보다도 훨씬 완벽한 구조를 갖춘 것이라고 생각할 수는 없을까? 많은 생물학자들은 비록 한 자리에 서서 일생을 마감하는 식물이지만 다른 생물의 도움이 없이도 스스로 필요한 양분을 합성할 수 있는 능력을 갖춘 식물이 동물보다도 완벽한 구조를 갖추었다고 보고 있다.

도대체 진화의 목표는 어디이고, 진화의 끝은 과연 무엇일까? 아직도 진화는 계속되고 있기에 그 결과는 아무도 예상할 수 없지만, 어떤 사람들은 나름대로의 생각에 따라 그럴듯한 답을 제시하기도 한다. 이를테면 움직일 수 있는 식물이거나, 광합성을 할 수 있는 동물이라고도 말한다. 지금까지의 연구결과에 의하면 동물과 식물이 고등한 생물의 모습으로 한데 어울린 형상은 찾아볼 수 없다. 다만 신화나 전설 또는 공상과학영화 속에서나 가능한 이야기일 뿐이다. 걸어 다니는 숲 속의 유령나무나 나뭇가지처럼 덥수룩한 뿔을 가진 동물이나 온몸에 풀빛의 털을 가진 동물들의 모습은 아무래도 상상 속에서만 가능할 뿐이다.

∷ 진화

'내 몸은 나만의 몸이 아니다.' 이 말의 뜻은 여러 가지로 해석할 수 있지만, 여기에서 언급한 '나'는 부부나 가족 안에서의 어느 한 사람을 말하는 것만이 아니다. 오히려 생물학적인 해석을 통해 살펴본다면, 내 몸은 나 혼자만으로 구성된 몸이 아니라는 뜻으로 풀이할 수 있다. 분명히 우리는 동물계에 속하는 하나의 종(種)이지만, 우리 몸에는 서로 다른 네 가지 계(界)의 생물이 한데 모여 살고 있다. 겉모습을 이루는 우리 몸은 동물계의 한 종임에 틀림이 없고, 우리 몸안을 살펴보면 원핵생물계에 속하는 박테리아를 비롯하여 균계에 속하는 여러 종류의 곰팡이와 원생생물계에 포함되는 여러 종류의 원생생물들이 바글거리며 살고 있다. 다만 한 가지 광합성을 하는 식물계의 생명체만 들어있지 않다는 것을 알 수 있다. 만약에 식물계의 생물까지 우리 몸에 들어있다면 생명체로서 거의 완벽한 구조를 갖춘 것이라고 해석할 수도 있다.

너무나 피곤해서 아무 일도 할 수 없을 것 같은 때에 우리는 '몸이 말을 듣지 않는다.'라고 하거나 '내 몸이 내 몸이 아니다.'라고 한다. 내가 생각하는 대로 내 몸을 움직이는 것이 기본인데, 내 몸을 내 마음대로 움직이지 못한다면 도대체 누가 내 몸을 움직이게 하는 것일까? 우리가 생각하고 느끼면서 움직이는 것을 의식적인 상태라고 한다면, 스스로 의식하지 못하는 상태에서 움직이는 것은 무의식이 지배하는 것이라고 할 수 있다. 스스로 의식하지 못하는 사이에도 움직인다는 것은 스스로 조절할 수 있는 한계를 벗어난 것이기에 그것을 비정상적인 상태 즉 정신적인 질병으로 취급하여 적당한 치료를 통해 정상적으로 되돌리려는 노력을 기울인다. 우리 몸안에서도 자기 의사와 상관없이 스스로 움직이는 부분이 있기는 하다. 숨쉬기나 소화기능처럼 굳이 움직이는 것을 꼭 느껴야 하는 부분이 아니라면 몸이 스스로 알아서 움직이는 것이 오히려 효과적이기 때문이다. 이를테면 자동항법장치로 일정 거리를 날아가는 비행기나 원격조정장치로 지구를 돌고 있는 인공위성과도 비슷하다.

우리가 살기 위해서는 의식주라는 조건이 필요하듯이, 생물을 비롯한 미생물까지도 생명을 유지하기 위해 필요한 조건을 갖추어야 한다. 모든 생물은 필요한 영양분을 섭취함으로써 움직일 수 있는 에너지를 얻는 것은 가장 기본이고, 사람들이 살 집을 마련하듯이 생물들도 자연환경이라는 커다란 서식처에서 삶의 터전을 마련한다. 그렇다면 우리가 입는 옷은 미생물의 무엇과 같은 것일까? 옷의 기본적인 쓰임새를 살펴보면 체온을 유지하고 포근한 공기를 품고 있으며 땀을 흡수하는 동시에 비나 눈발을 막아주는 기능을 하며 더욱이 움직이는 데 불편하지 않아야 한다. 집이 커다란 보호환경이라면 옷은 피부에 닿아있는 작은 환경을 뜻하는 것이라고 생각할 수 있다. 미생물의 생육조건에서 살펴보면 아마도 우리의 옷에 해당하는 것은 수분과 깊은 관계를 유지하는 수소이온농도(pH)라고 해야 할 것이다. 수소이온농도는 우리 몸의 피부에 해당하는 미생물의 세포막에 직접적인 영향을 끼치는 조건이기 때문에 더욱 그러하다.

우리가 매일 쓰고 있는 말 가운데 한 가지 재미있는 표현이 있다. 바로 '짓다'라는 말이다. 우리가 살 집을 마련하는 행위를 일컬어 '집을 짓다'라고 표현한다. 그런데 짓는 것은 집만이 아니다. 우리가 매일 먹는 밥을 준비하는 것도 역시 '밥을 짓다'라고 표현하며, 또한 우리가 입을 옷을 마련하는 것도 '옷을 짓다'라고 말한다. 이처럼 우리 생활에 필요한 의식주의 모든 분야에서 '짓다'라는 말이 자연스럽게 한데 어울려 두루 쓰이고 있다. 그것만이 아니다. 이 글을 쓰고 있는 나도 지은이라는 말을 듣는데, 이 역시 '글을 짓다'라는 표현에서 나온 말이다. 공들여 만들어 내는 것을 모두 '짓다'라고 표현하고, 가을에 추수할 때까지 많은 노력을 기울여야 하는 농사도 '농사 짓다'라고 말한다. 사람이 사는 것은 혼자만이 아니라 여럿이 모여 살기 마련이다. 이렇게 여러 사람이 모이는 것조차 '무리를 짓다'라고 표현한다. 무리를 지어 살다 보면 좋은 일도 있고 궂은일도 있기 마련이다. 그런데 나쁜 일을 하는 것에까지 '짓다'라는 말을 붙여 '죄를 짓다'라고 표현한다. 이처럼 우리 생활 속에서 의식주를 비롯한 여러 가지 일에까지 '짓다'라는 말을 이용하는 것은 매우 흥미로운 일이다. 하기야 영어에서도 'make'라는 단어의 쓰임새도 따지고 보면 우리의 '짓다'라는 표현보다 더하면 더했지 결코 떨어지지는 않을 것이다.

　우리가 살아가는 데 필요한 모든 조건들이 갖추어진 공간을 환경이라 부른다. 사람 중심이 아닌 생물이나 미생물의 입장에서는 오히려 서식처라는 말을 더 많이 사용한다. 환경이든 서식처든 사람과 생물들이 모두 어울려 살고 있는 공간에서는 모두가 독립적으로 사는 것은 아니다. 사는 모습은 혼자서 사는 것처럼 보이기는 하지만, 조금만 곰곰이 따져보면 모두가 이웃한 생물체들과 크건 작건 관계를 맺으며 영향을 주고받으며 살고 있다. 그래서 모든 생명체들은 환경 속에서 서로 크고 작은 도움을 주고받는 가운데 공생하며 살고 있다고 말하는가보다. 사람들도 마찬가지로 개인의 생각과 행동은 그저 개인만으로 끝나는 것이 아니다. 모두가 어떻게든지 서로 영향을 주고받으며 크고 작은 관계를 맺고 있기에 삶의 모습은 집단형태를 이루고 의식까지도 집단의식이 중심을 이루는 것이라고 본다.

집단을 이루고 집단 속에서 의식까지도 공통적인 부분을 함께 나누고 있는 사람들은 과연 누구를 위해 사는 것인가라는 의문이 떠오른다. 개인적인 삶이냐 아니면 집단을 위한 일부분의 삶이냐에 대한 심각한 고민이 때로는 우리를 괴롭히기까지 한다. 물론 철학적인 삶의 의문에 대해서는 우리가 어떻게 생각하는 것이 옳은지 구체적인 해답이 떠오르지는 않는다. 그러나 최소한 생물학적인 삶의 모습에 대해서는 어느 정도 이야기 해볼 수 있을 것이다.

우리가 살고 있는 주위 환경을 둘러보면 그야말로 수많은 세균이나 바이러스, 곰팡이 등 병원균에 둘러싸여 그들과 함께 살고 있다. 집안은 비교적 깨끗하다고 생각하지만 집을 나서는 순간부터 우리는 공중에 떠다니는 수많은 미생물들과 마주치게 된다. 출근길에 이용하는 버스나 지하철의 손잡이, 물건을 살 때 주고받는 돈에도 세균이 가득하다. 어지럽게 널려진 작업장의 바닥은 말할 것도 없고 사무실의 책장이나 선반 위에도 여러 종류의 미생물들이 가득 묻어 있을 것이다. 그러나 다행히도 수많은 미생물들이 우리 눈에 보이지 않는 것만으로도 천만다행이라고 생각한다. 수많은 미생물들을 우리가 실제로 보게 된다면 하도 많아서 우리는 어디로 눈을 향해야 할지 당황할 수밖에 없기 때문이다.

생물학적인 관점에서 보는 우리 몸은 과연 누구를 위한 몸인가? 모든 생물체는 자신의 생명을 유지하기 위해서 필요한 에너지를 얻어 활동하므로 몸은 당연히 자신을 위한 것이라고 할 것이다. 다만 자신의 몸이 활동하는 동안에 자신만을 위해 움직인다는 것은 너무나 이기적인 것은 아닐까? 자신의 존재는 우선 부모로부터 비롯되었고, 나중에는 자손을 위해 봉사하는 것이라고 생각할 수 있다. 더구나 자신이 존재하는 것도 따지고 보면 자신 이외의 남이 존재하기에 가능한 것이다. 남이 없고 오로지 자신만 존재한다면 존재의 가치도 없을 뿐만 아니라 자손을 퍼뜨릴 수도 없기 때문에 생명체로서의 완전한 기능을 할 수 없다. 이러한 관점에서 보면 자신의 몸은 물론 자신과 함께 남을 위해 존재하는 것이라 해도 틀림이 없다.

한편 어느 생물이건 마찬가지이지만, 고등하다고 생각하는 동물이나 식물의 경우에도 순수하게 하나의 몸으로만 이루어진 상태가 아니다. 우리 몸의 바깥을 이루는 피부에도 수많은 종류의 미생물들이 득시글거리고 있다. 어디 그뿐이랴, 몸안을 들여다보면 더욱 놀라울 정도로 많은 미생물들이 한데 어울려 살고 있다. 만약에 우리 몸이 수명을 다해 사라질 때에는 이처럼 많은 미생물들도 함께 사라질 운명일 것이다. 그러나 이들 미생물들이 살아가는 모습은 우리와 다르기 때문에 깊은 걱정을 하지 않아도 될 것이다. 왜냐하면 이들은 또다시 환경에 맞추어 자신의 생활을 개척해나갈 수 있기 때문이다.

한 어른이 이 세상에서 수(壽)를 다하고 명(命)을 달리하는 경우에

'돌아가셨다'라는 말을 쓴다. 사람이 태어나 한평생을 살다가 죽으면 한 줌의 '흙으로 돌아간다.'는 표현을 쓰기도 한다. 그것은 사람이 원래의 모습으로 돌아갔다는 뜻이 되기도 하고, 그보다 더 근본적인 뜻으로는 '자연으로 돌아갔다.'는 뜻이기도 하다. 화학적인 구성성분을 보더라도 살아있는 유기체의 성분이나 무기물의 구성요소가 특별히 다른 것은 전혀 없다. 흙에서 태어나 흙으로 돌아갔다는 표현이 화학적인 설명으로 보더라도 전혀 틀린 말이 아니다.

그래도 우리는 생명이란 어떤 것인지 조금이나마 느낄 수 있다. 사람이 죽으면 안타깝고 아쉬운 마음으로 죽은 사람에 대한 예의를 갖추어 장례를 지낸다. 우리가 주위에서 가장 흔히 보는 장례방법으로는 흙에 묻는 매장(埋葬)이 있다. 그 다음으로 볼 수 있는 것이 불에 태우는 화장(火葬)인데, 불가에서는 스님의 유해를 화장하는 것을 다비(茶毘)라 부른다. 장례도 지역에 따라 독특한 문화로 발전되었는데, 장례문화는 그 지역의 기후와 환경에 가장 알맞은 형태로 발전한 것이다. 매장을 위해서는 우선 넓은 땅과 풍성한 흙 그리고 그 속에 살고 있는 미생물이 넉넉해야 자연으로 돌아가는 순환과정에 막힘이 없다. 화장을 하기 위해서는 먼저 풍부한 연료가 확보되어야 하고 사람들도 화장에 대한 의식이 받아들여져야 한다.

우리나라 섬 지방에는 풍장(風葬)이라는 장례의식이 최근에까지 남아 있었는데 지금은 거의 사라져 찾아보기가 어렵다. 풍장은 말 그대로 바람에 장례 지내는 것인데, 숲 속 호젓한 장소에 사체를 짚가리로 막아 바람만 잘 통하도록 한두 해 정도 안치해 두었다가 나중에 남은 뼈만 추슬러 다시 장례 지내는 방법이다. 몸을 구성하는 살과 뼈 가운데에서 칼슘 성분이 들어있는 뼈는 오래도록 남게 되지만, 연한 살은 미생물의 부패작용으로 먼저 녹아내리면서 흔적도 없이 사라져 자연으로 돌아가는 셈이다.

히말라야 산맥에 위치한 티베트에서는 아직도 풍장 풍습이 그대로 남아있다. 한적한 산등성이에 제단을 만들어놓고 죽은 사람의 시체를 놓아두면 맹금류들이 날아와 깨끗이 처리하고 돌아간다. 하늘을 날아다니는 새들이 신의 전령이라고 생각하는 풍습이 있어 망자의 혼령을 하늘로 인도한 것이라고 사람들은 믿는다. 아메리카 인디언들의 오랜 풍습에도 이와 비슷한 장례의식이 남아 있다고 한다. 이러한 장례의식은 어찌 보면 조장(鳥葬)이라고 할 수도 있다. 어찌 생각하든 죽은 사람의 시체를 자연으로 되돌려주는 방법은 한결 같지만, 그 지역에 가장 알맞은 방법이 기후와 풍토에 따라 만들어진 것이라고 본다.

하늘과 맞닿은 높은 산악지역에서는 땅이 좁아 농사짓기도 어렵고 나무도 많지 않아 땔감마저 넉넉하지 않다. 이러한 지역에서 사람이 죽으면 매장은 물론 화장도 어려운 일이다. 어렵게 땅을 찾아 매장을 했다고 하더라도 낮은 온도 때문에 땅 속 미생물에 의한 부패작용도 활발하지 못하다. 그리하여 그곳 사람들이 생각해낸 풍장이라는 방법은 그야말로 그곳 환경에 가장 알맞은 장례의식이라고 할 것이다. 머나먼 항해를 하다가 사람이 죽으면 어쩔 수 없이 수장(水葬)을 하는 것도 모두가 같은 맥락에서 이해할 만하다.

앞에서 잠깐 언급한 것처럼 생물이 살아간다는 것은 결코 혼자만 사는 것이 아니다. 크기가 작은 미생물은 물론이거니와 크기가 큰 생물조차 커다란 집단을 이루어 살고 있다. 집단적인 생활 속에서 더 큰 이익을 얻을 수 있는 장점이 많기 때문이다. 먹이를 찾는 법, 집을 짓는 법, 짝을 찾는 법 그리고 새로운 환경에 적응해 가는 법 등의 여러 가지를 부모나 선배 또는 동료로부터 배우고 익혀 안정된 생활을 할 수 있기 때문이다. 이러한 생물들의 생활은 한마디로 말하자면 공생 바로 그것이다. 같은 종에서만 공생이 이루어지는 것이 아니라 수많은 생물들이 살

：공생

고 있는 세계에서는 그야말로 모두가 공생인 셈이다.

공생은 생물이 살아있을 때에만 가능한 것이 아니다. 돌이켜 생각해 보면 모든 생물은 죽어서까지 공생의 틀을 벗어나지 못할 것이다. 생물 들이 살아가기 위해서는 에너지의 흐름이 지속되어야 하고, 생물이 필요 로 하는 에너지는 광합성작용을 이용해서 식물이 만들어내며, 이 에너지 를 동물들이 이용하게 된다. 식물이나 동물 모두 결국에는 죽는데, 죽은 시체는 미생물의 부패작용으로 분해되고, 이것이 다시 식물체의 영양분 으로 이용되어 에너지로 만들어진다. 이렇게 식물이 에너지를 만드는 생 산자라면, 동물은 에너지를 이용하는 소비자이고, 미생물은 동식물의 시 체를 부스러뜨리는 분해자 역할을 하면서 온 세상의 생물들이 에너지의 흐름을 지속시키는 순환과정을 반복한다. 따라서 이 세상에 살고 있는 어느 하나의 생명체라도 크게 생각해보면 혼자만의 독립적인 생활을 하 는 것이 아니다. 그렇다면 이제 '내 몸은 나만의 몸이 아니다.'라는 말의 의미가 조금은 이해될 것도 같다.

미생물은
적이 아니라 동반자이다

내가 유럽에서 공부를 시작한 지 얼마 되지 않았을 때의 일이다. 모든 것이 낯설고, 따라서 충분히 이해하지 못한 것들도 많았다. 어느 날 저녁 텔레비전을 보고 있었는데, 러시아의 산부인과 병원에서 신생아를 다루는 내용의 프로그램이 방영되고 있었다. 개인적으로 관심을 가졌기에 나름대로 열심히 보았지만, 쉽게 이해되지 않은 부분이 있었다. 갓 태어난 어린아이를 싸는 포대기는 마름모꼴의 정사각형 흰 천이었는데, 윗부분을 조금 안으로 접어 내린 다음에 갓난아기를 눕히고 아랫부분은 다리를 감싸듯이 배 위까지 접어 올리고, 그 다음에 왼쪽과 오른쪽을 차례로 접으면서 양팔을 가슴께로 꼭 붙여 웬만해서는 팔을 자유롭게 움직일 수 없도록 감싸버리는 것이었다.

당시만 해도 러시아는 사회주의체제가 그대로 유지되던 때였으니, 개인적인 생각으로는 갓난아기의 옷과 기저귀를 커다란 천 하나로 해결하여 물자를 절약하고, 갓난아기가 덜 움직이게 팔을 감싸주어 다루기 쉽도록 하는 것이라고 이해하였다. 그런데 그 다음에 간호사가 하는 행동은 그때까지 전혀 듣도 보도 못했던 것이었다. 간호사는 갓난아기의 입술에 푸르스름한 액을 묻혀주었는데, 아무리 따져보아도 금방 이해가 되지 않는 행동이었다. 한참 시간이 지난 후에야 나는 비로소 이해할 수 있었다. 그것은 갓난아기에게 해가 되지 않는 미생물을 접종해주는 행동이었다.

아니 갓난아기에게 미생물을 접종하다니? 아무리 따져보아도 그 이유를 짐작하기 어려웠지만, 그것이 바로 특별한 미생물의 이용법 가운데 하나였다. 우리는 미생물이 넘쳐나는 속에서 함께 뒹굴며 살고 있다고 해도 그리 틀린 말이 아니다. 그만큼 우리가 사는 곳에는 미생물의 종류와 수가 많다는 얘기다. 그러한 미생물들 가운데 우리에게 병을 일으키는 해로운 미생물이 있기는 하지만, 그들은 전체의 1%도 채 되지 않을 정도이다. 따라서 대부분의 미생물들은 우리에게 해를 주지 않는 것들이다. 대부분의 미생물들이 해를 주지 않는다는 것뿐이지 그들이 모두 우리에게 이로움을 가져다주는 것은 물론 아니다. 그렇더라도 대부분의 미생물들이 우리에게 해로움을 끼치지 않는 것이라면 결과적으로는 우리에게 이로운 미생물들이 되는 셈이다. 왜냐하면 많은 수의 해롭지 않은 미생물들이 미리 자리를 차지하고 있다면 나중에 해로운 미생물이 들어오고자 하더라도 들어올 자리가 없기 때문에 자연히 물러설 수밖에 없기 때문이다.

어떤 생물의 자손들이건 태어날 때에는 몸안에 미생물을 갖고 있지 않는 것이 원칙이다. 만약에 새끼가 태어날 때부터 몸안에 미생물을 가지고 있다면 그것은 엄마로부터 새끼에게 전해진 것으로 병원미생물일 가능성이 있다. 기본적으로 엄마의 뱃속에 들어있던 때에는 미생물의 감염으로부터 벗어나 있었다고 하더라도, 태어나는 과정에서 엄마의 질 속에 들어있던 미생물에 감염되는 경우가 많다. 특별한 경우에는 알 상태에서부터 미생물에 감염되기도 하는데, 이러한 예는 곤충의 경란전염(經卵傳染)transovarial transmission의 경우에서 찾아볼 수 있다.

어쨌거나 갓난아기도 태어날 때에는 무균상태이기는 다른 생물들과 마찬가지이다. 아기가 태어나자마자 엄마 젖을 먹으면서 엄마 몸으로부터 미생물을 얻게 된다. 그러는 동안에 젖을 소화시키는 데 도움이 되는 젖산균인 락토바실루스Lactobacillus 같은 균을 얻게 된다. 이렇게 해서 아기는 점차 사람의 몸에 함께 살고 있는 미생물인 대장균과 젖산균을 비롯하여 박테로이데스Bacteroides, 클로스트리듐Clostridium, 칸디다Candida 등의 미생물들을 갖추게 된다. 이들은 우리 몸에서 병을 일으키지 않는 것이므로 해를 주지 않고, 오히려 다른 해로운 미생물이 들어오지 못하게 막아줌으로써 우리에게 도움을 주는 것들이다. 미생물학자들은 미생물의 이러한 성질을 이용하여 회복기 환자나 또는 전염병을 예방하고자 가축들에게 무해한 미생물들을 접종해주어 자리 잡도록 하는 방법을 권장하고 있다.

살균은 말 그대로 미생물을 죽이는 일을 말한다. 우리가 일반적으로 말하는 살균에 대한 의미에는 '미생물은 나쁜 것이므로 죽여 없애야 한다.'라는 뜻이 들어 있다. 물론 필요 없는 즉 우리에게 해로운 미생물을 죽이는 것이 잘못된 일은 아니다. 그것은 당연한 일이다. 살균이라는 말 속에는 병원균처럼 우리에게 해로운 미생물을 찾아 특별히 제거한다는 뜻이 더욱 강하게 포함되어 있다. 그런데 실제로 눈에 보이지도 않는 미생물 가운데에서 병원균만을 골라내어 죽이는 방법이 있기나 한 것일까? 더구나 수많은 종류의 미생물 가운데에서 병원균은 그리 많지 않은 편이고 대부분 해가 없는 미생물들이다. 그리고 우리에게 해를 주는 미

대장균

락토바실루스(*Lactobacillus*)

박테로이데스(*Bacteroides*)

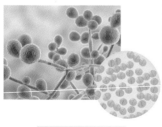

클로스트리듐(*Clostridium*)

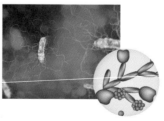

칸디다(*Candida*)

생물이 아니라면 굳이 무리를 해서까지 모든 미생물을 철저히 죽여야 할 이유는 없을 것이다. 게다가 아무리 우리가 미생물들을 철저히 죽이겠다고 하더라도 그럴 수도 없고 또한 그럴 필요도 없다.

아름다운 생활을 추구하지 않는 사람은 아무도 없다. 생활 속에서 찾는 아름다움에도 여러 가지가 있지만, 그 가운데에서도 우선 편하고 안정된 생활 속에서 우러나오는 행복한 모습을 꼽을 수 있다. 생활의 기본이 되는 의식주의 여러 가지 조건들 가운데 어느 것 하나 부족함이 없이 넉넉하고 여유가 있을 때에는 편안한 생활로 이어지고, 그 속에서 행복한 느낌을 받을 때에 비로소 정신적인 아름다움도 느낄 수 있다고 본다. 다시 말해서 건강한 육체로부터 건전한 정신이 깃들고 생활의 아름다움을 느낄 수 있다고 하겠다.

우리가 생활 속에서 아름다움을 찾고자 한다면 의식주의 모든 부분에서 더러운 것은 당연히 피해야 한다. 누구나 생활 속에서 깨끗한 상태를 원하기 때문이다. 깨끗한 것은 건강한 생활과 통한다. 그러기에 건강한 생활을 유지하기 위해서는 해롭거나 더러운 것을 버려야 한다. 생활에 도움을 주지 않는 더럽고 해로운 것을 없애는 방법으로는 여러 가지가 있다. 쉽게 생각해서 필요 없는 것이라면 내버리는 것이 당연하지만, 그냥 내버리면 쓰레기가 되므로 알맞은 방법을 찾아 처리해야 한다. 땅에 묻거나 불에 태우는 것이 가장 손쉬운 방법이지만, 그보다 먼저 다시 쓸수 있는 것을 골라내는 재활용 방법을 생각해 보아야 한다.

우리 생활 속에서 더럽고 해로운 것이라면 으레 미생물을 연상하게 된다. 더럽다는 것은 불결하고, 더구나 그것은 썩기 때문에 미생물과 연결되었다고 생각하기 마련이다. 그리고 우리에게 해로운 것은 질병과 관련이 있는 것이므로 당연히 미생물과 관련된 것으로 생각할 수밖에 없다. 그래서 더럽고 해로운 것의 원인인 미생물을 없애는 방법이 살균이고, 또한 그것이 바로 위생적인 처리방법이라고 이해한다. 미생물을 죽인다는 살균은 일반적으로 미생물을 철저히 죽인다는 뜻의 멸균이라는 말과 같은 의미로 쓰이기도 한다. 이와 비슷한 뜻으로 소독이라는 말도 있는데, 소독은 병원체로서 감염 가능성을 가진 미생물을 죽이는 것이므로 살균 및 멸균과는 약간의 차이가 있다. 이렇게 살균과 멸균 그리고 소독이란 말의 뜻에는 근본적으로 미생물을 죽인다는 뜻에는 변함이 없

멸균, 소독, 살균

• 멸균(sterilization)

아포를 포함한 모든 미생물을 살균 또는 제거하여 무균(無菌)상태를 만드는 것, 유익한 세균과 유해한 세균을 모두 제거하는 것. 물체의 표면 또는 그 내부에 분포하는 모든 세균을 완전히 죽이는 것으로 소독의 가장 안전한 형태이다.

• 소독(disinfection)

물체의 표면 또는 그 내부에 있는 병원균을 죽여 전파력 또는 감염력을 없애는 것. 미생물의 포자는 제거되지 않으며 비병원성 미생물은 남아 있어도 무방함.
(소독은 미생물의 오염을 방지하기 위해서 사용한다.)

• 살균(sterilization)

물리적, 화학적 방법으로 모든 형태의 미생물을 제거하여 무균상태로 만드는 것을 말하나, 유익한 것은 되도록 남기고 유해한 것을 선택적으로 제거하는 것.

지만, 쓰는 용도에 따라 조금씩 차이가 나기도 한다.

미생물을 죽이는 방법으로는 여러 가지가 있지만, 일반적인 방법으로는 높은 온도를 이용하거나 약품을 사용하는 것이 보통이다. 사람들이 매일 먹어야 하는 음식물에 병원미생물이 아닌 일반 미생물이라도 들어 있다면, 이들이 나중에 부패를 일으켜 음식물을 상하게 할 수 있으므로 음식물에 대해서는 철저한 살균방법을 사용해야 한다. 그래서 음식물과 관계되는 살균법으로는 끓이는 방법을 많이 이용하는데, 모든 음식물을 끓이기만 할 수가 없다. 음식물을 끓이지 않고 손쉽게 이용할 수 있는 살균법으로 햇볕에 말리기도 하는데, 이때에는 상황에 따라 소금을 뿌리기도 한다. 뿐만 아니라 설탕을 넣고 졸이는 방법도 이용한다. 이와 같이 음식물에 들어있는 미생물을 없애는 방법으로 여러 가지를 이용하지만, 어느 방법을 쓰거나 결국에는 사람들이 먹어야 하는 것이므로 함부로 약품을 사용할 수는 없다. 그래서 이처럼 음식물에서 미생물을 제거하는 방법으로는 물리적인 방법을 주로 이용하고 있다.

우리가 자주 사용하는 '과학적이다' 라는 말에는 틀림이 없다는 뜻이 포함되어 있다. 다시 말하자면 같은 일을 반복하더라도 똑같은 결과를 얻을 수 있다는 것인데, 이러한 결과를 얻기 위한 과정으로 물리적인 방법과 화학적인 방법 그리고 생물학적인 방법에 따라 실험하고 그 결과를 이치에 맞게 설명할 수 있다는 것이 전제되어야 한다. 미생물을 죽이는 것도 일종의 실험이라고 생각하여 여러 가지 방법을 이용할 수 있다. 음식물의 경우에서처럼 주로 물리적인 방법을 사용하는 것이 있는가 하면, 약품을 주로 사용하여 미생물을 죽이는 것은 화학적인 방법이라 할 수 있다. 우리 몸에 해로운 미생물인 병원균을 죽이기 위해서는 가장 효과적인 방법을 찾아 이용하고 그것도 철저히 없애는 것이 좋다. 그래서 병원균을 죽이는 방법으로는 가스는 물론 물약이나 가루약 등의 화학약품을 사용하는 화학적인 방법을 많이 쓰고 있다.

우리가 미생물을 죽이려는 것은 모든 미생물을 깡그리 죽이려는 것이 아니라 병원미생물을 우선 없애려는 목적이 크다. 이러한 생각으로 생활 주위에서 볼 수 있는 병원미생물을 죽이는 방법으로는 약품을 이용하는 화학적인 방법이 주로 쓰이는데, 이러한 것을 특별히 소독disinfection 이라고 부르기도 한다. 우리가 소독이라는 말을 사용할 때에는 으레 소독약을 떠올리기 마련이다. 가장 손쉽게 떠올리는 소독약으로는 그냥 알코올이라고 부르는 70%의 에탄올을 비롯하여, 요오드팅크, 크레졸, 페놀화합물, 차아염소산hypochlorite 용액 등을 꼽을 수 있다. 미생물학이 처음으로 대두되었을 때에 영국의 외과의사 리스터J. Lister는 석탄산 용액을 소독약으로 사용하여 수술환자들이 패혈증으로 사망하는 경우를 크게 줄였던 것도 소독의 중요성을 보여주는 것이다.

: 리스터(J. Lister)

소독에 이용하는 약품들은 살균제이다. 대부분의 살균제는 미생물세포의 대사과정을 영구적으로 손상시키는 물질로 중금속이나 할로겐 화합물들이 포함된 것도 있다. 따라서 살균제를 처리한 후에 이 물질을 제거해 주더라도 미생물의 대사과정은 다시 회복되지 않는다. 그래서 살균제를 처리하면 미생물들이 살지 못하고 죽게 되는 것이다. 우리는 이러한 살균제를 소독약이라고도 부른다.

우리가 매일 마시는 수돗물도 각 가정으로 공급되기 전의 마지막 과정에서 소독을 한다. 수돗물의 완전살균은 대단히 어렵고 경우에 따라서는 꼭 필요한 것만도 아니다. 수돗물의 소독은 일정한 기간 동안만 유효하고 또한 처리된 수돗물이 다시 오염될 수도 있다. 그러나 우리들의 생각으로는 완전히 멸균된 수돗물을 원하고 있다. 그러기에 수돗물을 공급하기 전에 처리하는 소독방법은 값이 싸면서도 효과적이어야 하고 동시에 이용자에게는 해가 없어야 한다. 더욱 중요한 것은 병원성 미생물에 대해서는 치명적이어야 한다는 점을 꼽는다. 이러한 조건을 거의 만족시켜주는 소독제로는 염소와 오존을 꼽는다. 가장 널리 쓰이는 염소는 우선 가격이 싸고 다루기가 쉬워 이미 100여 년 전부터 지금까지 효과적인 소독제로 사용하고 있다. 한편 오존은 강력한 산화력을 갖고 있어 대부분의 미생물을 사멸시킬 수 있으며, 염소처럼 인체에 유해한 트리할로메탄trihalomethane, THM을 생성하지 않고, 처리 후에 바로 사용할 수 있다는 장점도 갖추고 있다. 그러나 생산비가 높고 오랫동안 효력이 남지 않아 다시 오염될 수 있다는 단점도 함께 가지고 있다.

과학적인 살균방법으로 물리적인 방법과 화학적인 방법 그리고 생물학적인 방법이 있는데, 지금까지 앞의 두 가지 방법에 대해 주로 언급하였다. 쉽게 생각해서 온도를 높이거나 살균제를 사용하는 방법 이외에 생물학적인 방법으로는 과연 어떤 것이 있을까? 우리가 살고 있는 세상에는 여러 종류의 생물들이 있는데, 이들 생물들이 모두 나름대로의 관계를 맺고 있다. 종류로 본다면 식물과 동물 그리고 미생물로 크게 구분하며, 삶의 형태에 따라서는 생산자와 소비자 그리고 분해자로 나뉜다. 물론 이 세상에 존재하는 모든 물질들은 살아있는 모습으로 순환체계를 유지하고 있다. 공기와 물의 순환은 물론 질소와 탄소의 순환을 비롯하여 모든 생물들도 에너지체계에서 순환관계를 유지하고 있다. 미생물들도 생물들과 함께 알게 모르게 순환체계를 이루며 나름대로의 역할을 소리 없이 해내고 있다.

어느 생물이 태어날 때부터 다른 생물을 잡아먹을 수 있는 것을 우리는 천적(天敵)이라고 부른다. 태어날 때부터 먹고 먹히는 운명을 지니고

: 수돗물의 소독

태어났다고나 할까? 미생물의 세계에서도 이와 비슷한 관계가 있기는 하다. 한 미생물이 이른바 항생물질이라는 특수한 물질을 분비함으로써 다른 미생물의 생장에 영향을 끼쳐 살 수 없도록 하는 것이다. 페니실린이나 스트렙토마이신은 대표적인 항생물질이다. 그 외에도 어떤 종류의 미생물이 다른 종류의 미생물에 해를 끼치는 것을 정균작용bacteriostasis이라고 한다. 이러한 것은 특수한 물질을 분비하여 그 물질이 다른 미생물의 생육에 영향을 미치는 것이다. 굳이 특수한 물질을 분비하지 않더라도 한 종류의 미생물이 미리 자리를 잡고 살고 있다면 다른 미생물이 들어와 살고자 하더라도 들어올 자리가 없는 경우가 있다. 이른바 선취득권(先取得權)이라고나 할까? 미생물만이 아니라 동물과 식물의 세계에서도 쉽게 찾아볼 수 있는 예이다.

만약에 우리에게 해가 없는 미생물이 먼저 자리를 차지하고 있다면 아무리 위험한 병원미생물이 쳐들어오려고 해도 쉽게 들어올 수 없을 것이다. 그래서 갓난아기나 회복기의 환자에게 해롭지 않은 미생물을 접종하여 자리를 잡도록 만들어주어 나중에 해로운 병원미생물의 감염을 막으려는 방법을 시도하여 효과를 거두고 있다. 이 글의 시작 부분에서 언급한 예도 그러한 예방법의 하나였던 것으로 풀이할 수 있다. 식물의 경우에도 관련균이나 길항균을 미리 농작물에 접종하여 줌으로써 나중에 해로운 병의 발생을 막기 위한 예방법으로 많이 이용하고 있다. 이것은 모든 미생물을 철저히 파괴시키는 물리화학적인 살균법이 아니라 생물학적인 공존방법을 이용하는 것이다.

물리적인 방법을 이용한 살균법 가운데 저온살균법이 있다. 높은 온도를 이용해 미생물을 죽이는 방법이라는 점에서 틀림없는 물리적인 살균법이다. 그런데 이 살균법에서는 100℃나 120℃ 정도의 습열을 이용하는 것이 아니라 71℃에서 15분 정도 우유를 처리한다. 이렇게 높은 온도가 아닌 낮은 온도에서 처리하는 것이 과연 어떤 효과를 가지는 것인가? 살균의 근본적인 목적은 병원미생물을 죽이는 것에 있다. 그러므로 대부분의 병원미생물은 그들이 살고 있는 30~35℃ 이상의 온도만 되어도 죽게 되므로 저온살균법의 온도만으로도 충분한 효과를 얻을 수 있다. 원래 저온살균법은 프랑스의 파스퇴르가 포도주를 변질시키는 미생물을 없애려고 처음 시도한 방법으로 그의 이름을 따와서 파스퇴르살균법pasteurization이라고 하는데, 우리말로는 그 의미만을 따와서 그냥 편하게 저온살균법이라고 부른다.

저온살균법에서 보는 것처럼 모든 미생물을 모조리 없애는 것만이 살균이라고 생각하지는 않는다. 해로운 미생물만 없어진다면 그 이외의 다른 미생물은 있어도 무방하지 않겠느냐는 것이 어찌 보면 생물학적인 살균법과 닮은 점이 있다. 자연 속에서 살고 있는 수많은 풀들이 모두가 잡초만은 아니듯이, 자연 속에 살고 있는 미생물이라고 해서 모두가 해로운 미생물인 것만도 아니다. 생물의 세계에서는 크고 작은 모든 생명체들이 나름대로의 역할을 하면서 모두가 공존하고 있다. 미생물의 살균이라는 것도 모든 미생물을 깡그리 잡아 죽일 듯이 덤빌 것도 없다. 있으면 있는 대로 없으면 없는 대로 자연의 순리에 따르고 거꾸로 거스를 필요가 없는 것이라고 생각한다. 그러한 면에서 생물학적인 살균법은 자연의 법칙을 이용하는 것처럼 보이지만, 대신에 물리, 화학적인 방법은 마치 강제집행이라도 하는 듯이 보인다. 이렇듯 자연 속에서 순리에 따라 살아가려는 마음에서 바라보면 '살균이 능사가 아니다.'라는 말이 어느 만큼은 확실히 근거 있는 말이다.

미생물이
동물을 살린다

요즈음 어린이들은 조각그림 맞추기 놀이를 많이 한다. 이른바 퍼즐이라는 놀이인데, 어릴 때부터 이 놀이를 하면 머리가 좋아진다고 하여 아이들보다도 엄마들이 더 앞장서 이 놀이를 하게 한다. 물론 퍼즐을 맞추는 놀이는 어린이만의 놀이가 아니다. 정도에 따라서는 얼마든지 어른들도 즐길 수 있다. 고급두뇌들이 모인 대학이나 특수연구소에서는 휴게실이나 흡연실 또는 식탁 등의 편리한 장소에 1,000조각 이상 되는 퍼즐을 펼쳐놓고 틈나는 대로 그림을 맞추는 놀이를 권장하기도 한다. 잠시 휴식을 취하면서 두뇌운동도 시켜주자는 뜻에서 아마도 가장 적당한 놀이라고 생각하기 때문이다.

하나의 커다란 그림을 수많은 작은 조각으로 잘라 흩어놓으면 제대로 된 그림을 찾아 맞춰내기가 여간 어렵지 않다. 그래도 전체 그림을 맞추어 나가는 방법은 있을 것이다. 맨 바깥쪽에 자리하는 조각들을 모아 윤곽을 잡아가고 비슷한 색깔의 조각을 모아 작은 그림을 만들어 합치는 등의 방법으로 전체를 맞추어 나가는 것이다. 어쨌거나 전체 그림을 맞추려면 적지 않은 노력이 든다. 그래도 나중에 완전한 그림을 맞추고 느끼는 희열을 위해 누구나 힘든 노력을 마다하지 않고 열심히 조각그림을 맞추어 나간다.

조각그림을 맞추는 놀이와 비슷하게 머리를 쓰게 하는 놀이가 블록 쌓기이다. 정육면체나 직육면체는 물론이고 원통이나 삼각뿔 등의 다양한 블록을 쌓아 집이나 탑을 쌓는 놀이이다. 이 놀이에서도 먼저 생각해야 할 것은 원하는 전체 모형이 어떤 것인지 정하고 그 모습을 이루기 위한 하나하나의 부품이 어떤 역할과 기능을 할 수 있는지를 이해하고 있어야 한다. 다시 말해서 부분과 전체의 모형을 통틀어 하나로 꿰뚫고 있어야 한다는 것이다. 그렇지 못하면 쌓다가 허물고 다시 쌓아야 하는 번거로움이 생길 수 있다.

이 세상의 모든 일들이 조각그림 맞추기나 블록 쌓기 놀이와도 같다고 생각될 때가 많다. 전체의 모양을 생각해야 할 때가 있는 것은 물론이고 부분적으로 필요한 만큼의 작은 모양을 맞추어야 할 때도 있다. 또한 필요에 따라서는 아래에서부터 위로 맞추는 것이 기본이기는 하지만 위에서부터 맞추더라도 관계없는 경우도 있다. 물론 왼쪽에서 오른쪽으로 가거나 그 반대의 경우도 얼마든지 가능하다. 이러한 모든 경우는 맞추어가는 과정이 순조로울 때의 이야기이고, 만약에 더 이상 맞추어나가기 어려울 때에는 그대로 멈추고 다른 방향에서 새로 시작하기도 한다.

우리도 살다가 보면 가끔씩 어려운 일과 맞닥뜨릴 때가 있다. 쉽고 편한 일이 이어질 때에는 즐겁고 기쁜 마음으로 그대로 지나치는 경우가 대부분이지만, 어려운 일이 가로놓여 있으면 생각에 생각을 거듭하게 되고 말 한마디라도 그냥 듣고 넘어가기가 어렵다. 어떻게 해서라도 한마디 한마디의 말들을 곱씹어 가면서 생각을 거듭하여 그 속에 숨어있는 본래의 뜻을 캐보려고 노력한다. 그것이 바로 사람의 마음이고 그것이 또한 세상을 살아가는 삶이라고 할 것이다.

깊이 생각하지 않은 채 들었던 한두 마디의 말로는 말한 사람의 생각을 정확히 헤아리기 어렵다. 굳이 한두 마디의 말을 듣고 그것을 깊이 마음에 새겨야만 할 적당한 계기가 없는 것도 아니지만, 생각이 서로 다른 경우에는 상대방의 속마음을 결코 제대로 이해할 수 없기 때문에 더욱 그러하다. 그러기에 아무리 생각을 거듭해 보더라도 왜 그랬는지를 알지 못하여 답답해 할 때가 있다. 불과 몇 마디의 짧은 대화나 의미가 서로 다른 간단한 말만으로는 전체적인 뜻과 의미가 확실하게 드러나지 않는다. 그러다가도 어느 한 순간에 이러한 말들이 서로 연관되어 있다고 느껴질 때가 있다. 무엇인가 확실하지 않더라도 새로운 영감이나 예감이 머리를 스치고 지나가며 안개가 걷히듯이 그러한 말 뒤에 숨겨진 뜻이 드러날 때가 있다. 그때는 무릎을 치며 '아하! 바로 그것이었구나.' 깨닫고 기뻐하는 것이다. 그것은 마치 퍼즐을 다 맞추었을 때 느끼는 기쁨과도 같다.

미생물에 대해서도 이와 마찬가지이다. 눈에 보이지 않는 작은 생물이기에 정성을 다해 살펴보지 않으면 그 모습이 좀처럼 드러나지 않는다. 그렇기 때문에 미생물들이 하는 일에 관심을 기울이지도 않고 무엇을 하는 것인지 알아보려는 생각도 잘 하지 않는다. 그러다가도 불현듯 미생물이라는 존재가 우리 눈에 들어오게 되면 그 때는 보통 때와 전혀 다른 모습으로 우리 곁에 아주 가까이 다가와 있는 것이다. 우리 생활 속에서 제대로 느끼지 못하는 사이에, 아니 전혀 눈치 채지 못하는 사이

∷ 발효

에 미생물은 자신의 일을 소리 없이 하고 있다. 미생물의 활동이 우리에게 좋은 결과를 가져다 줄 때에는 문제를 삼지도 않는다. 그런데 그 결과가 우리에게 해가 될 때에는 큰 문제가 되는 것처럼 보인다.

한 가지 예를 들자면, 우리가 매일 먹는 김치가 익는 것도 미생물의 작용에 따른 것이다. 김치를 갓 담갔을 때에는 그 맛이 소금에 절인 배추의 맛 그대로에 불과하지만, 하루나 이틀 정도만 지나면 미생물의 발효작용에 의해 김치 맛이 들기 시작한다. 사람마다 풋김치를 좋아하거나 익은 김치를 좋아하는 것은 기호에 따라 서로 다르지만, 김치 본래의 맛은 아무래도 미생물의 발효작용에 따라 나타나는 맛이라고 할 수 있다. 그렇지만 시간이 더욱 지나 김치가 푹 익으면 김치의 감칠맛이 어느덧 신맛으로 바뀐다. 물론 신 김치를 좋아하는 사람도 있겠지만, 너무 익은 김치의 신맛은 눈살을 찌푸리게 만들기도 한다. 이쯤 되면 김치의 사명

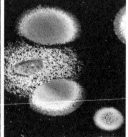

： 부패

도 다하여 음식물 쓰레기통에 내버리게 된다. 그래도 남은 김치는 아깝다고 생각하면 물에 씻어 찌개로 요리해 먹기도 한다. 이처럼 우리가 먹는 김치도 맛이 좋을 때까지는 음식으로서의 훌륭한 가치가 돋보이지만, 일단 맛이 변하여 먹을 수 없게 되면 한낱 쓰레기에 불과하다.

여기에서 한번쯤 돌이켜 생각해보자. 김치가 익는 것을 발효라고 한다면 김치가 시어져 먹을 수 없게 되는 것은 부패라고 할 것이다. 미생물에 의해 영향을 받는 김치에서 어디까지가 발효이고, 어느 순간부터를 부패라고 해야 할 것인지 그리고 그것을 명확히 구분할 수 있는지 모두가 의문이다. 김치뿐만 아니라 미생물에 의해서 일어나는 모든 현상에 대해 사람을 중심으로 따져보아 이로움이 있다면 발효라 하고, 해로움이 있다면 부패라고 일방적으로 구분하기 때문에 일어나는 것이라고 생각할 수 있다. 이러한 구분은 다분히 사람을 중심으로 모든 것을 생각해왔기 때문일 것이다.

그런데 우리는 여기에서 잠시 눈을 돌려 사람의 입장이 아닌 미생물의 입장에서 생각해 보면 어떨까? 모든 미생물도 하나의 생명체이기에 나름대로 가장 알맞은 방법을 찾아 살고 있다. 발효이건 부패이건 미생물은 크게 관여하지 않고 나름대로의 삶을 묵묵히 진행하고 있는 것이다. 만약에 우리가 미생물의 이러한 성질을 이해하고 미생물의 입장에서 살아가는 방법을 가장 알맞은 삶의 방식이라고 생각한다면, 의외로 이제까지 우리가 몰랐거나 눈여겨보지도 않았던 미생물에 대한 여러 가지 의문이 쉽게 풀릴지도 모른다.

자연 속에 살고 있는 모든 생물체는 나름대로 삶의 의미를 갖고 있다. 언제 어디서든지 필요한 곳에서 자기가 할 수 있는 능력을 최대한으로 발휘하면서 자신이 맡은 바 역할을 다하며 살고 있다. 풀과 나무는 햇빛을 받아 포도당을 만들어내는 광합성작용을 하고, 동물은 식물이나 다른 동물을 먹이로 삼아 살아가면서 스스로 몸을 움직이며 자기만의 독특한 삶을 꾸리고 있듯이, 눈에 보이지 않는 미생물도 어느 곳에 있든지 유기물을 분해하고 에너지를 생산하는 데 필요한 작은 물질을 제공해주는 독특한 역할을 하며 자신의 삶을 살고 있다.

미생물과 동식물들이 함께 살고 있는 모습은 관심을 갖고 살펴보지 않으면 우리 눈에 잘 드러나지 않는다. 그렇지만 조금만 주의 깊게 살펴보고 찾아보면 의외로 꽤 많은 흥미로운 사실을 깨닫게 된다. 더욱 놀라운 사실은 이 미생물들이 그저 단순히 동식물의 몸 바깥에 그냥 붙어 사는 정도가 아니라 함께 도움을 주고받으며 살고 있다는 점이다. 물론 이치적으로 생각해서 여러 종류의 미생물들이 물이나 흙 속은 물론 공기 중에도 얼마든지 살고 있다는 것을 이해하지만, 동물이나 식물의 몸속에도 존재한다는 것과 이들이 서로 도움을 주고받는다는 사실은 그리 쉽게 이해하기 어려울 수 있다.

식물의 몸 안팎에서 함께 살고 있는 대표적인 미생물로는 뿌리혹박테리아를 비롯한 여러 종류의 공생균을 꼽을 수 있다. 흙 속에 뿌리를 박고 살고 있는 식물들이니 뿌리와 흙이 접촉하는 곳에 당연히 미생물들이 붙어있다고 생각하고, 잎이나 줄기도 공기와 접촉하고 있는 곳이니 얼마든지 미생물이 존재할 것이라고 이해할 수 있다. 그런데 동물의 경우에는 조금 달리 생각해 볼 수 있다. 동물의 몸 바깥쪽은 공기와 접촉하는 곳이니 공기 중의 미생물들이 자리를 잡을 수 있으리라는 생각은 그런대로 당연한 것이다. 그렇지만 동물의 몸안쪽에는 미생물이 있으면 병이라도 걸릴 것만 같아 보이니 당연히 미생물이 없을 것이라고 생각할 수 있다. 그런데 실제로는 동물의 몸안에도 미생물들이 존재한다. 아니 그냥 잠시 머물러 있다는 것이 아니라 그 안에 자리를 잡고 함께 살고 있다는 것이다.

풀을 먹고사는 초식동물 가운데 되새김위를 가진 종류들이 있다. 풀이나 나뭇잎을 먹고사는 동물들은 오래 전부터 식물성 먹이를 먹으며 살고 있으므로 이러한 먹이를 얼마든지 소화·분해시킬 수 있는 능력을 갖추었다고 생각한다. 그런데 실제로 동물들은 식물성 먹이의 주성분인 셀룰로오스(섬유소)를 소화시킬 수 있는 효소를 갖추지 못하고 있다. 특이하게도 섬유소를 분해할 수 있는 능력은 미생물만이 갖추고 있다. 그래서 초식동물의 몸안에는 많든 적든 섬유소를 분해할 수 있는 효소를 가진 미생물이 들어있다. 그래서 초식동물의 되새김위 안에는 수많은 미생물들이 함께 공생하며 살고 있는 것이다. 그저 간단히 생각할 때에는 깨끗해야만 할 동물의 몸이기에 미생물이 있어서는 안 될 것이라고 생각했는데, 미생물의 도움이 없이는 초식동물이 살아가기조차 어렵다는 점이 우리의 생각을 뒤흔들어 놓는다.

우리 몸에도 미생물이 들어있기는 마찬가지이다. 이미 앞에서 설명한 것처럼 우리 몸의 대장 안에는 수많은 대장균이 살고 있으며, 또한 젖산균도 우리 몸안에 자리를 잡고 살고 있다. 몸안의 장 속에만 있는 것이 아니라 몸 바깥쪽의 피부에도 많은 미생물들이 붙어서 살고 있다. 붙어 있으면 전혀 안 될 것처럼 생각되지만, 이들이 바깥쪽에 붙어있어서 해로운 미생물들이 혹시라도 우리 몸에 들어와 살려고 시도할 때에 일차로 방어망을 치고 달라붙지 못하게 막아주는 것이다. 우리가 느끼지 못하는 사이에 몸의 안팎에서 수많은 미생물들이 자기의 역할을 충실히 하면서 우리 몸을 지키며 자신도 살아가는 모습을 연출하는 셈이다.

자연과 환경 속에서 살고 있는 모든 생물들은 혼자서 모든 일을 해결하며 살지 않는다. 모든 생물들은 각자가 갖추고 있는 능력을 발휘하여 자기 역할을 하면서 서로 도우며 살고 있다. 세상은 혼자만 사는 것이 아니라 함께 힘을 모아 도우며 살아가는 것이다. 세상의 모든 일도 혼자서만 모두 해결하기는 여간 어려운 일이 아니다. 사람들이 하는 일도 모두 마찬가지이다. 어떤 종류의 생물이라도 자기에게 맞는 환경을 찾아 그곳에서 자기가 가진 능력을 힘껏 발휘하면서 형편에 맞추어 살아간다. 그들의 생활이 어찌 보면 비록 혼자서만 열심히 사는 것처럼 보이더라도, 결과적으로는 자신의 동료는 물론 다른 종류의 생물들을 도와주며 함께 사는 생활을 한다. 혼자 사는 것처럼 보이는 생물들도 따지고 보면 같은 종끼리 집단을 이루며 살고, 여러 집단들이 모여 커다란 생태계를 이루며 살고 있다. 사람들이 사회를 이루어 살아가는 모습도 이러한 생태계의 모습과 비슷하다.

우리는 이렇게 자연과 환경 그리고 사회 속에서 여러 종류의 조각그림을 커다란 그림판에 끼워 맞추며 살고 있다. 우리 생활 속에서는 알게 모르게 크고 작은 각각의 행동이 전체의 생활에 영향을 끼치며 서로가 서로를 도와가며 하나의 큰 그림을 만들고 있다. 동물과 식물의 종 하나 하나가 제각기 자연과 환경에 영향을 미치듯이 눈에 보이지 않는 미생물의 종 하나하나도 미생물 전체의 행동은 물론 자연에도 중요한 역할을 하고 있다. 이제 모든 생물들의 세계에서는 독자적인 행동 하나하나가 알게 모르게 서로 연결되어 있으면서 크고 작은 상호작용을 통해 전체의 모습을 만들어내고 있다. 우리는 지금 하나의 작은 조각그림을 집어 들고 어느 자리에 넣어야 할까 찾아보고 있다. 지금은 비록 하나의 작은 조각그림을 제자리에 끼워 맞추고 있지만, 시간이 점점 지나가면 커다란 전체 그림은 조금씩 윤곽을 드러낼 것이다. 우리는 이렇게 눈에 보이지도 않는 작은 미생물이라는 조각그림 한쪽을 들고 전체 그림을 맞추기 위해 자그마한 노력을 기울이고 있다. 최근에 이르러 여러 학문적인 성과에 힘입어 우리가 보고자 하는 그 그림의 윤곽이 어렴풋이 드러나는 형편이므로 그것만이라도 느끼는 것이 천만다행이라는 생각이든다.

[더 읽을거리]

『감염』 : 제럴드 N 캘러헌 / 강병철, 세종서적, 2010

『고마운 미생물, 얄미운 미생물』 : 천종식. 솔, 2005

『곰팡이의 상식, 인간의 비상식』

　: 이노우에 마유미 / 김소운. 양문, 2003

『극단의 생명』 : 존 포스트게이트 / 박형욱. 코기토, 2003

『대혼란』 : 앤드류 니키포룩 / 이희수, 알마, 2010

『독감』 : 지나 콜라타 / 안정희. 사이언스북스, 2003

『DNA, 더블 댄스에 빠지다』 : 이한음. 동녘, 2006

『DNA : 생명의 비밀』

　: 제임스 D. 왓슨 · 앤드루 베리 / 이한음. 까치, 2003

『마이크로 코스모스』

　: 린 마굴리스 · 도리언 세이건 / 홍욱희, 김영사, 2011

『마이크로코즘』 : 칼 짐머 / 전광수, 21세기북스, 2010

『먹고 사는 것의 생물학』 : 김홍표. 궁리, 2016

『미생물과 공존하는 나는 통생명체다』

　: 김혜성. 파라사이언스, 2018

『미생물의 세계』: 이재열. 살림, 2005

『미생물의 힘』: 버나드 딕슨 / 이재열 · 김사열. 사이언스북스, 2002

『바이러스』: 토마스 호이슬러 / 최경인. 이지북, 2004

『바이러스는 과연 적인가』: 이재열, 경북대학교출판부, 2014

『바이러스 폭풍』: 네이선 울프 / 강주헌, 김영사, 2013

『바이러스 행성』: 칼 짐머 / 이한음, 위즈덤하우스, 2013

『바이러스, 삶과 죽음 사이』: 이재열. 지호, 2005

『보이지 않는 권력자』: 이재열, 사이언스북스, 2020

『보이지 않는 보물』: 이재열, 경북대학교출판부, 2008

『보이지 않는 지구의 주인 미생물』: 오태광, 양문, 2008

『생명이란 무엇인가?』

　: 린 마굴리스 · 도리언 세이건 / 황현숙. 지호, 1999

『생활 속의 미생물』 : 정영기 외. 세종출판사, 1998

『세균과의 전쟁, 질병』 : 로버트 멀케히 / 강윤재. 지호, 2002

『세균전쟁』 : 주디스 밀러 외 / 김혜원. 황금가지, 2002

『슈퍼박테리아와 인간』 : 윤창주. 까치, 2005

『아름다운 미생물 이야기』 : 김완기 · 최원자. 사이언스북스, 2019

『에코데믹, 새로운 전염병이 몰려온다』

　: 마크 제롬 윌터스 / 이한음. 북갤럽, 2004

『의학의 역사』 : 재컬린 더핀 / 신좌섭. 사이언스북스, 2006

『이보디보』 : 션 B 캐럴 / 김명남. 지호, 2007

『자연은 알고 있다』 : 앤드루 비티 · 폴 에멀리 / 이주영, 궁리, 2004

『작은 세상의 반란』 : 이원경 엮음, 동아사이언스, 2002

『전염병시대』 : 폴 W. 이왈드 / 이충. 소소, 2005

『전염병의 문화사』 : 아노 카렌 / 권복규. 사이언스북스, 2001

『전염병의 세계사』 : 윌리암 맥닐 / 김우영. 이산, 2005

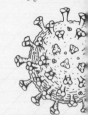

『조류독감』 : 마이크 데이비스 / 정병선, 돌베개, 2008

『파스퇴르』 : 르네 뒤보 / 이재열 · 김사열. 사이언스북스, 2006

『한탄강의 기적』 : 이호왕. 시공사, 1999

『현대의학, 그 위대한 도전의 역사』 : 예병일. 사이언스북스, 2004

우리 몸 미생물을 말하다

초판 1쇄 | 2021년 6월 15일

지은이 | 이재열
편 집 | 박일구
디자인 | 김남영
펴낸곳 | 도서출판 써네스트
펴낸이 | 강완구
출판등록 | 2005년 7월 13일 제2017-000293호
주 소 | 서울시 마포구 망원로 94, 2층 203호
전 화 | 02-332-9384   **팩 스** | 0303-0006-9384
홈페이지 | www.sunest.co.kr
ISBN 979-11-90631-25-9(03470)   값 15,000원